聽說，業務員
是被行銷耽誤的

語言藝術師

陳俐茵，邢春如 主編

定點銷售 × 上門推銷 × 商務談判

誰說行走商場只能一味進攻，「欲擒故縱」反而更有收穫

「瑕疵品」經過一番行銷包裝，居然以更高的價錢賣出去？
英國著名小說家早年落魄，刊登一則徵婚啟事就讓書大賣？
業務員過度「專業」的解說，很可能導致顧客完全聽不懂？

好口才不僅讓商品成功銷售，面對談判場合也能輕鬆制勝；
掌握說話的藝術，業績翻倍成長就像變魔術！

目錄

前言

語言是人類最重要的交際工具，人們藉助語言儲存和傳遞人類文明的成果。語言是思維工具和交際工具，它和思維有著密切的連繫，是思維的載體和物質外殼以及表現形式。語言是符號系統，是以語音為物質外殼，以語義為意義內容的，音義結合的詞彙建築材料和語法組織規律的體系。語言是一種社會現象，是人類最重要的交際工具，是進行思維和傳遞資訊的工具，是人類儲存認識成果的載體。

語言是人類的創造，只有人類具有真正的語言。只有人類才會把無意義的語音按照各種方式組合起來，成為有意義的語素，再把為數眾多的語素按照各種方式組合成話語，用無窮變化的形式來表示變化無窮的意義。

人類創造了語言之後又創造了文字。文字是語言的視覺形式，突破了口語所受空間和時間的限制，能夠發揮更大作用。口才是我們在交際的過程中，口語語言表達得十分準確、得體、生動、巧妙、有效，能夠達到特定交際目的和取得圓滿交際效果的口語表達藝術與技巧。

口才是一種綜合能力，不僅包括語言表達，還包括聆聽、應變等多項能力。俗話說：「是人才未必有口才，有口才必定是人才。」有口才的人說話具有「言之有物、言之有序、言之有理、言之有情」等特徵。總之，善表達，會聆聽，能判斷，巧應對，是衡量口才好與壞的重要標準。

口才並不是一種天賦的才能，它是靠刻苦訓練得來的。古今中外歷史上一切口若懸河、能言善辯的演講家、雄辯家。他們無一不是靠刻苦訓練而獲得成功的。

美國前總統林肯為了練口才，徒步 30 英里，到一個法院去聽律師們的辯護詞，看他們如何論辯，如何做手勢，他一邊傾聽，一邊模仿。他聽到那些雲遊八方的福音傳教士揮舞手臂、聲震長空的布道，回來後也學他們的樣子。他曾對著樹、樹樁和成行的玉米練習口才。

日本前首相田中角榮，少年時曾患有口吃，但他不被困難所嚇倒。為了克服口吃，練就口才，他常常朗誦、慢讀課文，為了準確發音，他對著鏡子糾正嘴和舌根的部位，嚴肅認真，一絲不苟。口才是我們每個人都應該具備的素養之一。說話不僅僅是一門學問，還是我們每個人贏得事業成功常變常新的資本。好口才會給你開創美好前景，擁有好口才，就等於你擁有了輝煌的前程。

一、成功推銷，舌頭致勝

01 口才是成功推銷的核心

推銷員每天都會面對著形形色色的顧客，應付各式各樣的突發事件，這些都要求推銷員必須有非常好的口才。進行推銷工作更多的是要面對不了解自己所推銷商品的對象、場所，缺乏推銷口才，便很難進入工作環境，縱有極高的工作熱情，也沒有機會可以發揮，所謂「成功」怕只是一場夢。一個初次推銷的人，背著一個小包走進一間辦公室。進門之後，他直接到一張辦公桌前小聲地問：「先生，財會室在哪裡？」

先生答道：「在斜對門。」

一會兒，斜對門的出納進來了：「張主任，來了一個推銷驗鈔機的，要不要？」

「不要，這種小商販不可靠。」

出納走後，這背包包的推銷員又走進來了，大概知道主任不同意，躊躇著走到桌邊，竟忘了稱呼，嚅嚅地說道：

「要不要驗鈔機，買一個吧。」他重複道。

「我們不需要，就這樣吧。」主任頭也不抬地說。站了一會，沒人理他，那推銷員只好悄悄地退出去了。

或許這個推銷員是值得同情的，但「市場不相信眼淚」，因為這個推銷員沒有良好的推銷口才，他平淡的話語難以使人對他及他的商品產生興趣，拒絕是在情理之中的。

不要以為只有風度和氣質得到周圍人的承認才可稱之為魅力。

推銷員的魅力，最關鍵的就在於能夠說服顧客，使其購買自己的產品。在推銷的過程中，只能透過短時間的接觸和談話來博得對方的好感。因此，要想以自己的魅力征服顧客，達到自己的推銷目的，推銷員的口才造成了重要的作用。S 君和 T 君都是推銷員。T 君渾身上下帶著鄉土氣息，是個樸實的人，他有一種氣質，能使顧客對他不心懷戒備而十分放心，並且一看到他便想起童年的故鄉。雖然他的業績也不錯，但總是沒有做成大生意，老是比不過 S 君。與他相比，S 君是一個典型的城市青年，他的魅力就是他能進行話題廣泛的談話，能以口才征服別人。

一天，S 君說：「經理，×× 先生說，馬上就要簽訂合約了，請您去做最後的決定。」

「呀，我這次倒要領教一下你的口才了。」經理對他說，並一起來到 ×× 家。

在顧客家中，使經理感到驚訝的是 S 君與主人正以飛碟射擊為話題，熱火朝天地談論著。經理與 S 君共事已經兩年了，關於飛碟射擊的議論，經理一次也沒聽他說過，他一直認為 S 君對飛碟射擊不感興趣。事後，經理問他：「我怎麼不知道你對飛碟射擊如此感興趣？」

「這可不是開玩笑，上次，我到他家時，看到槍架上掛著的槍和刻著他名字的射擊紀念杯，回來後便馬上做準備。」總之，經過一夜 S 君準備好了這番話題。這就是推銷員成功的關鍵 —— 自如地與顧客就各種話題進行交談。

02 推除障礙靠口才

推銷員在工作過程中面對的最大挑戰就是應付懷著不同心態的顧客。口才的作用就在於探知顧客心理，將顧客對你及產品的排斥消除掉，使推銷工作圓滿完成。推銷員必須了解同一現象背後的不同動機，才能對症下藥、排除各種推銷障礙。而了解顧客心理的基本手段就是對口才的運用。透過各種有效的語言藝術，推銷員可以探知顧客的心理類型，洞悉顧客的心理活動，了解推銷障礙的形成原因，從而為使用正確的推銷技巧、促使顧客達成購買行動奠定基礎。一名推銷員向顧客推銷瓦斯爐，經過宣傳、解釋，顧客有了購買的意向。但在最後一剎那，顧客變了卦。顧客說：「你賣的瓦斯爐 3,000 元一個，太貴了。」

推銷員不慌不忙地說：「3,000 元也許是貴了一點。您的意思是說，這爐子點火不方便，火力不夠大，瓦斯浪費多，恐怕用不久，是不是？」推銷員這樣說，是首先承認顧客的立場，然後把對方的抽象的立場轉換成具體的有關商品本身的效能問題，因為這些都是可以檢驗的。同時，商品的價格高低，只有與商品的效能聯結在一起，才有客觀的標準。

顧客接著說：「……點火還算方便，但我看它瓦斯會消耗很多。」從顧客的話裡可以看出，他的拒絕已從「價錢太貴」，縮小到「瓦斯消耗太多」上來了。

推銷員進一步解釋說：「其實誰用瓦斯爐都希望省瓦斯，瓦斯就是錢嘛。我能理解，您的擔心完全有道理。但是，這種瓦斯爐在設計上已充分考慮到顧客的要求。您看，這個開關能隨意調節瓦斯流量，可大可小，變化自如；這個噴嘴構造特殊，使火苗大小平均；特別是噴嘴周圍還裝了一個燃料節省器，以防熱量外洩和被風吹滅。因此，我看這種『爐子』比起您家現在所用的舊式瓦斯爐來，要節省不少瓦斯。您想想是不是這樣子？」推銷員針對顧客「瓦斯消耗多」這一疑慮，運用口才用事實作了澄清，說得清楚、婉轉。

顧客覺得推銷員說的有道理，低頭不語。

推銷員看出顧客的心動了，馬上接著問：「您看還有沒有其他的顧慮？」

顧客的疑慮完全打消了，再也說不出拒絕購買的理由了，隨即說道：「看來這種瓦斯爐的功能性很強，那我就要一個吧！」

推銷員察言觀色，找到了顧客認同與不認同商品的關鍵之處，充分運用自己的口才，打消疑慮的同時進行商品優點的宣傳，終於排除了障礙，促成了這筆生意。

03 激發顧客購買欲望靠口才

顧客只有真心喜歡一件商品，才會心甘情願的購買，而喜歡的基礎便是好奇心，是興趣，是購買的欲望。激發顧客的購買欲望，推銷員的口才造成了不容忽視的作用。1960 年代，美國有一位非常成功的推銷員喬．格蘭德爾。他有個非常有趣的綽號叫做「花招先生」。他拜訪客戶時，會把一個三分鐘的蛋形計時器放在桌上，然後說：「請您給我三分鐘，三分鐘一過，當最後一粒沙穿過玻璃瓶之後，如果您不要我再繼續講下去，我就離開。」

他會利用蛋形計時器、鬧鐘、20 元面額的鈔票及各式各樣的花招，讓他有足夠的時間使客戶靜靜地坐著聽他講話，並對他所賣的產品產生興趣。

「先生，您可知道世界上最懶的東西是什麼？」

顧客搖搖頭，表示不知道。

「就是您收藏起來不花的錢，它們本來可以用來購買冷氣。讓您度過一個涼爽的夏天。」推銷員說。

他就這樣製造了懸念，引起對方好奇，然後再順水推舟的介紹產品。顧客往往會因為他的那一番饒有興趣的話語受到吸引。進而推銷員才有機會向顧客介紹產品，顧客購買是從想要了解開始的。

格蘭德爾的這種利用口才推銷的方式到後來已經成為了

一種推銷模式，有人這樣進行了歸納：

（1）首先要進行一針見血的提問

「您有興趣知道，能夠有效地讓您提高 30%或 50%的營業額的方法嗎？」

對於這種問題，大部分的、人都會回答有興趣。所以當你問完類似的問題後，下面就必須馬上說：「我只占用您大概 10 分鐘的時間來向您介紹這種方法，當您聽完後，您完全可以自行地來判斷這種方法是不是適合您。」

在這種情況下，你一方面提前告訴客戶你不會占用他太多的時間，而同時你也讓客戶能夠比較清楚地知道，在銷售的過程中主動權在他們手中，你不會強迫他們購買。

顧客之所以願意購買，是因為他有足夠的興趣。興趣是促成購買行為的原動力，而激發興趣的重要途徑在於推銷員的口才。

著名的 PEPUP 理論不是這樣的嗎？

Pleasure and comfort（快樂與舒適）

Economy（經濟）

Pride of ownership（占有的榮譽感）

Utility and convenience（效用與方便）

Protection（保護）

推銷員在推銷產品時要以此作為關鍵和核心詞彙，才有可能最大程度地引起顧客興趣，促成交易成功。

（2）口才是掌握推銷主動權的保證

推銷過程中不能讓顧客感到你在強迫他們購買，也就是讓他們覺得主動權在他們手中，但另一方面，推銷員也必須掌握一個主動權，那就是讓顧客的思路跟著你走。

作為一個推銷員，必須讓顧客的思想跟著你走。如果不是這樣，就不能將問題引向對你有利的方面。這樣下去，推銷工作往往會以失敗告終。所以必須掌握主動權，而掌握主動權關鍵在於你有好的推銷口才。

大量的實踐證明，巧妙的語言表達，可以將極不利於自己的形勢扭轉過來，而變成有利於自己的形勢。一個推銷員是這樣接近顧客的：

「哦，好可愛的小狗，是英國可卡吧？」

顧客見是一位陌生人，說話很親熱，又誇獎自己的小狗，心中很高興，回答說：「是的。」

推銷員又接著說：「這隻狗毛色真好，您一定每天都幫牠洗澡，很累吧？」

顧客笑嘻嘻地說：「是啊，不過牠也算是我的夥伴，帶給我不少快樂，習慣了，也就不覺得太累了。」

推銷員進一步分析說：「人不能太孤獨，得有個陪著的伴，這是調節精神、有利健康的喜好，我看應該提倡。」

顧客聽了這位陌生人的話，覺得心裡很舒服。於是，就和推銷員聊了起來。推銷員適時抓住這個機會，轉換話題，推銷自己的產品。這樣，往往比較容易取得成功。

這是什麼原因呢？

每當這位推銷員遇到養狗的人家，總是這麼與顧客搭上話，一方面是因為他本人也喜歡狗，另一方面這種方法確實容易引起對方共鳴。從而引導對方作肯定回答，再逐漸轉移話題，「言歸正傳」。

實踐證明，推銷員在接近顧客時，總要講些容易被別人接受的話題，這是推銷成功的最基本方法。

推銷員如果一開始就說：「你要不要買我的商品？」總是無法奏效，所以不如談些商品以外的問題，談得投機了再進入正題，這樣對方就比較容易接受。當推銷員掌握了談話的主動權，也就可以有效地引導顧客了。

（3）口才助你贏得信任

不要以為推銷員一定要口若懸河，具有把死人說活的本事才算有口才。這其實是一種誤解。人們的脾氣、稟賦、性格各異，而優秀的推銷員的口才藝術則在於準確地使用語言，而不在於是否會吹噓或者使用讓人難以置信的花巧詞令，像什麼「絕對可靠」、「絕對上乘」、「百分之百的……」、「超級的」、「一流的」、「獨一無二的」、「領先世界」等等詞語不該是一個成功的推銷員的常用詞，因為這些詞語對於有經驗的顧客來說，無異於一堆廢話。相反，準確抓住顧客的心理需求，言簡意賅地介紹商品的效能、用途、質地以及維修、保養等知識，才能真正贏得顧客的依賴。這不僅說明作為一名推銷員，對自己的商品非常了解，也反映了推銷員的素養和氣質。因為樸實無華的語言往往勝於不切實際的浮誇，它反映了推銷員能夠站在顧客需要的一方，具有務實的品格。

有一個推銷家庭用品的推銷員，總用下面一句話開始她的推銷：

「我能向您介紹一下怎樣才能減輕家務勞動嗎？」

家庭主婦們正為繁瑣的家務勞動傷腦筋，且又無計可施。如果有良方幫她減輕家務勞動的負擔，她怎能毫無興趣？

第一句話就把產品對客戶的效用一下明確提出來，而且設身處地為對方著想，肯定會受到顧客歡迎。還有一位推銷員到農村推銷電鍋。當時農村還是原始的燒火煮飯，根本不知道電鍋是什麼。這位推銷員走進一家冒煙的農舍，在廚房裡一邊幫主人燒火，一邊說：

「若是煮飯不用燒火該多好啊！」

主婦笑了起來：

「天下哪有這種事，我們祖祖輩輩都是這麼煮飯的。」

「有啊，」推銷員拿著電鍋，說，「我這裡這口鍋煮飯就不用燒柴，不信，我們試試看。」

說完便下米，放水，插電。同時向主婦解釋其原理。飯煮好後，主婦一嘗，不爛不糊，很好。推銷員乘機說：「更妙的是，煮飯的時候妳不用看著火，可以休息或做別的事情。」

這種好事，主婦做夢也沒有想到，恨不得多出一個人去幫她做這些永遠也做不完的事情。於是她很高興地買下了電鍋，並且馬上向她的左鄰右舍介紹，做了義務推銷員。

在運用口才時一定要注意不要輕易地許諾什麼，這是初次會見顧客，在交談中尤其應該注意的。有些推銷員為了拉住顧客，為了成交，對於顧客提出的任何要求不經考慮，輕易地許諾，然後誘導客戶訂貨。在產品品質保證上、在交貨時間上、在外觀包裝方面、在運輸問題上等等，滿應滿許的許諾有可能因外界條件變化最終卻不能兌現，往往造成嚴重的後果。因為真正有心購買商品的顧客，往往也是行家，他們對產品情況、規格包裝等均有了解，對於市場形勢和市場環境也很熟悉。在此情況下，顧客提出的某些要求有可能是要求降價的手段。或者就是因初次會面對推銷員提出的考題。作為一名推銷員，如果輕率地做出許諾，就會給對方留下草率、經驗不足的印象，甚至可能含有商業欺詐的嫌疑。老練的顧客可以輕而易舉地窺見你的內心，從而採取相應的對策。面對顧客提出的問題，正確的方法應是實事求是地予以解答，不能輕易地許諾。當推銷以對商品和有關問題作出了實際的答覆，滿足了顧客的要求時，才有可能得到顧客的信任。所以推銷專家 H · 戈德曼指出：「任何情況下都應記住，不論擺在你面前的情況如何，決定你是否得到訂單的因素是顧客對你的信任。」

04 贏得顧客靠口才相助

推銷是面談交易，整個推銷活動中，從接觸顧客到解除疑慮，直到最後成交，都離不開口才。俗話說：「良言一句三冬暖，惡語傷人六月寒。」可見，會不會說話是有不同結果的。

比如如何稱呼顧客就大有學問。稱呼要恰當，使對方有親切感。稱呼顧客隨便一些還是嚴肅一些，要根據推銷交際場合的不同而有所區別。如果在辦公室談生意，稱呼對方職位，如「張局長」、「李經理」就顯得比較嚴肅正式，若是到顧客家中訪問，則可根據對方的年齡、性別等選擇家常點的稱呼，如稱呼對方「趙大哥」、「王大姐」等等，一下子就拉近了雙方的距離。反之，要是不顧具體情況，在辦公室也口口聲聲親熱地「趙大哥」、「王大姐」叫個不停，對方很難自在、舒服，對你推銷的產品怎能產生好感？

會說話的推銷員會使顧客感到他是善解人意、體貼周到的。如果顧客的皮膚黑，就說「膚色較暗」；如果顧客個子矮，就是「身材嬌小」；如果對方腿有殘疾，就說「腿腳不便」。當著孕婦的面說「要當媽媽了」；遇到喪事，則說「去世了」、「不在了」等慣用語。這樣將顧客比較敏感的問題用相對婉轉的說法表達出來，不至於傷害顧客的自尊心，勾起傷心往事或引起對方不快。

高爾基（Maxim Gorky）的三部曲之一《在人間》裡有段兩家店鋪推銷聖像的情節：

一家店鋪的小學徒沒有什麼經驗，只是向人們說：「……各種都有，請隨便看看，聖像價錢貴賤都有，貨色道地，顏色深暗，要訂做也可以，各種聖父聖母都可以畫……」儘管這個小學徒喊得聲嘶力竭，可是仍很少有人問津。

另一家店鋪的廣告則不同：「我們的買賣不比賣羊皮靴子，我們是替上帝當差，這比金銀寶貴，當然是沒有任何價錢的……」結果，許多人都情不自禁地被吸引過來。

同是推銷聖像，為什麼效果不同呢？原因就在於前者用語冗長，平淡刻板，而後者則針對基督徒的心理，將自己說成為「為上帝當差」的，用心獨到，言簡意賅。

05 好口才幫助信任溝通

一項成功的推銷要使顧客對產品首先建立信心，再對推銷員建立信任，信任溝通下的推銷才有可能成功。而好口才能夠幫助推銷員與客戶之間信任溝通的建立。在法蘭克剛剛開始推銷產品時，他便十分重視這點。法蘭克的工作是去顧客那，推銷男士高階職業套裝。他的服務優勢就在於，他是上門推銷，顧客可以不必去商店採購，從而節省時間。

法蘭克的推銷對象一般都是有些社會地位的人，他對自己的推銷對象最先說的話是：「我到這裡是想成為您的服裝商。我知道，如果您從我這裡買服裝的話，您一定是因為信任我、我的公司和我的產品。我希望您能對我有信心，首先我想向您先簡單地介紹一下我自己。

「我做這份工作有幾年了，這之前我上過大學，主修是時裝設計，也學過紡織，我相信自己不會比別人差，尤其是在幫助您挑選適合您的服裝時不會比別人遜色。

我們的公司開業已經 32 年了。我們擁有自己的商店。自從開業以來。公司以每年 20%的速度在擴充設備，70% ～ 80%的銷售額都來自回頭客。我們願意為顧客提供所需要的各式服裝，我們一直努力成為本產業的佼佼者。當然我們是否最好，就取決於您和其他顧客的判斷了。我保證，一旦您給我一點信心，看到我的產品，就會發現我們確實很棒。

我公司生產職業套裝、運動套裝、休閒服飾、輕便大衣和家居服裝等等，只要是您需要的，我們就能生產。我們可以為您訂做您喜歡的樣式，所有服裝都出自於我們自己的店裡。您不可能從別人那裡買到像我們這樣做工精細，並且價格如此公道的服裝。當然，您可以買更昂貴的服裝，也可以買更廉價的服裝，但是您付出同樣的價格從我公司購買時，您會得到更棒的產品。這也正是本公司最具競爭實力的優勢。」

「先生，您認為如何？」

法蘭克採取這種介紹方式已經許久了，而且一直非常奏效。在推銷過程中建立信任，和在建立信任過程中進行推銷，與他自信、流利的口才緊密相關。

獲得一定的信任同樣也會幫助顧客做出很好的決策。有一次法蘭克向一位教師推銷幾款西裝，在法蘭克告訴他價錢之前，他一直盯著兩件西裝看。

想了一會兒，他問法蘭克：「怎麼賣的？」

當法蘭克報出價錢後，他就不再說話了。法蘭克知道他是覺得貴了，知道除非自己贏得他的信任並能擺出理由讓他相信，用比他以前所花的要多得多的錢來買這兩套西裝對他而言，是個明智的選擇，要不然買賣就要完了。

突然，法蘭克注意到停車坪上的新凱迪拉克（車牌上說明那是這位教師的車），便裝出一副神祕的樣子問他：「我能問您一個問題嗎？」

「問吧。」他回答說。

「您開的什麼車？」

「哦，我有輛凱迪拉克。」

「那在這輛凱迪拉克前，您開什麼車？」

「也是輛凱迪拉克。」

「在您開凱迪拉克前，您還開過什麼牌子的車？」

「有過一輛雪鐵龍。」

「您記不記得，當您從雪鐵龍換到卡迪拉克時，對價錢是不是也很關心呢？」

他很快就釋然了，說：「我明白了。」那時，價錢也就不再是個問題了，而他也買下了兩套西裝。

如果一個時常在服裝上花很少錢的顧客抱怨法蘭克產品的價格時，法蘭克也會說：「先生，我知道您很關心比您平時多付這100多美金是不是值得，我理解您的心情，但我相信，一旦您穿上我們生產的西裝，一定會覺得您比以前出色。我可以向您證明一下您該多麼信任我的產品，我願意給您一個試穿的機會。這樣好嗎？在30天左右您可以拿到西裝，然後還有60天的試穿時間，如果您覺得不值，可以隨時把我叫過來，我會把那100多美金還您。這樣，您就不必比平常多花錢了。」

這種做法也給法蘭克帶來了不少成功的買賣，而且還從未有人60天後要法蘭克退回100多美元，他們的反應通常是：「好，我想我該相信您……」或者別的相同意思的話。推銷員要試圖讓他的顧客產生一種信任感，因為一旦人們擁有這種信任，就沒有什麼理由再猶豫了。

06 好口才能助推銷員擺脫困境

妙語一句可引得財源滾滾，妙語一句也可解陷身之困。

推銷過程中往往會有突如其來的事件打破周密的計畫，這時，高超的口才能幫你隨機應變，轉變處境。某推銷員當著一大群顧客推銷鋼化玻璃酒杯。他先是向顧客進行商品介紹，接著開始示範表演，就是把一個鋼化玻璃杯扔在地上而不碎，以示杯子的經久耐用。

可是，他碰巧拿了一個品質沒過關的杯子，猛地一摔，酒杯「砰」地一聲碎了。這樣的異常情況在他的推銷生涯中還未曾有過，真是始料未及，他自己也感到吃驚。而顧客更是目瞪口呆。因為他們信服推銷員的說明，只不過是想再驗證一下。

面對如此尷尬的局面。推銷員靈機一動，他壓住心中的驚慌，反而對顧客笑笑，用沉著而富於幽默的語氣說：

「你們看，像這樣的杯子我是不會賣給你們的。」

大家一聽，都輕鬆地笑了起來，場內的氣氛變得活躍了。推銷員乘機又扔了幾個杯子，都取得了成功，一下子博得了顧客的信任，銷出幾十打酒杯。更富於喜劇效果的是，對於推銷中的那個「失誤」，顧客都以為是事先想好的，砸碎杯子只是「賣關子」，吊吊大家的胃口而已。口才就是這樣在緊要關頭幫助推銷員擺脫了困境。

或許真是計畫跟不上變化，但高超的口才卻可以彌補遺憾，可能還會有更好的結果。

07 好口才與顧客建立和諧關係

在銷售過程中，與顧客建立和諧關係是很重要的，建立和諧關係的重要目的是讓顧客喜歡你、信賴你，並且相信你的所作所為是為了他們的最佳利益著想。這樣做是為了建立某種層次的和諧與信任關係，讓顧客能夠敞開心胸接受你的訊息。而在建立和諧關係的過程中，談話是必須的，口才的作用就在這裡了。一個推銷員到一位客戶家裡推銷，接待他的是這家的家庭主婦。於是他第一句話是：「喲，您就是女主人啊！真年輕，實在看不出已經有孩子了。」

女主人說：「咳，你沒看見，快把我累垮了，帶孩子真累人。」

他說：「我妻子也老抱怨我，說我一天到晚在外面跑，一點也不盡當爸爸的責任，把孩子全留給她了。」

女主人深有同感地說：「就是嘛，你們男人就知道在外面打拚。」

他馬上跟著說：「孩子幾歲了？真漂亮！快上幼稚園了吧？」

「是呀，今年下半年上幼稚園。」

「挺伶俐可愛的，孩子慢慢長大，他們的教育與成長就成為我們做大人最關心的事情了，誰不望子成龍，望女成鳳，我每隔一段時間就會買些這樣的教材放給他們聽。」

說著，他就取出了他推銷的商品——幼兒音樂教材，沒想到她想都沒有多想，就問了問價錢，然後毫不猶豫就買了一套。在推銷員正式向女主人推銷前，兩個人就已經建立了良好的關係。推銷員信任的產品，她也自然會信任。因為，透過口才建立和諧關係是很重要的。

08 好口才能夠緩解推銷氣氛

推銷時的氣氛最忌諱公事公辦，甚至緊張嚴肅。這時如果有好口才，能夠擴大談話話題，就可以增加談話的趣味性，可以在商品話題之外建立共通性，為推銷作好鋪墊。

推銷員最好能儘早找出雙方共同的話題。因此，推銷員在拜訪客戶之前要先收集有關的情報，尤其是在第一次拜訪時，心中該有一個談話內容規畫。

詢問是一個很好用的方法，推銷員在不斷的發問當中，很快就可以發現客戶的興趣。

觀察也是個好方法，看到的高爾夫球具、溜冰鞋、釣竿、圍棋或象棋，都可以拿來作為話題。

對女性，流行時尚等話題也要多多少少知道一些，平時要多看多記。

打過招呼之後，談談客戶深感興趣的話題，可以使氣氛緩和一些，接著再進入主題，效果往往會比一開始就立刻進入主題好得多。

這中間的關鍵在於尋找共同的話題，只有這樣才能延長談話時間。

而尋找共同話題的關鍵在於對客戶感興趣的東西，推銷員要多多少少懂一些。做到這一點必須靠長年累積，而且推銷員需要進行不懈地努力充實自己。原一平的故事大家都再熟悉不過了，他為了應付不同的準客戶，每星期六下午都到圖書館苦讀。他研修的範圍極廣，上至時事、文學、經濟，下至家庭電器、菸斗製造、木屐修理，幾乎無所不包。

但由於原一平涉獵的範圍太廣，所以不論如何努力，總是博而不精，永遠趕不上任何一方面的專家。

他也深知這一點，因此他談話總是適可而止，就像要給病人動手術的外科醫師一樣，手術之前先為病人打麻醉針，而談話只要能麻醉一下客戶就行了。

在與準客戶談話時，原一平的話題就像旋轉的轉盤一般，轉個不停，直到準客戶對該話題發生興趣為止。

他這樣總結自己的經驗，在與準客戶見面後，先談時事的問題，沒反應；立刻換愛好問題（如果他有興趣，從眼神中可看出）還沒反應；那就換證券、銀行、家庭等問題，不斷更換。

原一平曾與一位對股票很有興趣的準客戶談到股市的近況。出乎意料，他反應冷淡，莫非他又把股票賣掉了嗎？原一平接著談到未來的熱門股，他眼睛發亮了。原來他賣掉股票，添購新屋。結果他對房地產的近況談得起勁，後來原一平知道，他正待機而動，準備在恰當的時機，賣掉房子，買進未來的熱門股。

其實這場交談不過十幾分鍾，談話也沒什麼順序，但原一平就是用這種不斷更換話題的「輪盤話術」，尋找出準客戶的興趣所在。

等到原一平發現準客戶趣味盎然，雙眼發亮時，他就藉故告辭了。

「哎呀！我忽然想起一件急事要辦，真抱歉，我改天再來。」

原一平突然離去，準客戶通常會以一臉的詫異表示他的意猶未盡。

而他呢？既然已搔到準客戶的癢處，也就為下次的訪問作好了準備。日本旭光電腦公司推銷員大村博信苦悶極了，自己推銷電腦時用盡腦汁，談論產品的效能如何如何好，但客戶們似乎都沒興趣。

電腦推銷不出去，他對自己越來越沒信心。於是垂頭喪氣地走進一家餐廳，悶悶不樂地自斟自飲。

他鄰桌的一位太太正帶著兩個孩子吃午餐，那胖乎乎的男孩什麼都吃，長得結結實實；那瘦瘦的女孩皺著眉頭，舉著筷子將盤子裡的菜翻來撥去，就是不吃。

那位太太有些不開心，輕聲開導小女孩：「別挑食，要多吃些菠菜，不注意營養怎麼行呢？」這樣一連說了3遍，小女孩仍將嘴巴撅得老高。這位太太漸漸失去了耐心，不斷地用手指敲桌面，臉上布滿怒容。

大村博信喃喃自語：「這位太太的菠菜跟我的電腦一樣，『推銷』不出去了。」正說話間，一位年輕店員走近那女孩，湊著她的耳朵悄悄說了幾句話。一會兒那女孩馬上大口大口吃起菠菜來，邊吃邊斜視著那個男孩。

那位太太很納悶，把店員拉到一邊問：「你用了什麼辦法，讓我那小丫頭聽話？」

服務員微笑著說：「馬不想喝水的時候，任妳死拉活拉都不肯靠近水槽，要想讓牠喝水，得先讓牠吃些鹽，牠口渴了，妳再牽牠去喝水，牠就會乖乖地跟妳走。太太，不瞞您說，您好幾次帶孩子來吃飯，我經常看到小男孩欺負小女孩。我剛才刺激妹妹：『哥哥不是老欺負妳嗎？吃了菠菜，長得比他更強壯更有力氣，他還敢打妳嗎？」』

旁觀的大村博信暗暗稱絕：「太妙了，自己的電腦推銷不用愁啦！」

第二天他走進一家公司採購部負責人的辦公室，這公司以前來過。

大村博信不再滔滔不絕地講述產品效能，而是微笑著問：「先生，我不想多說我的產品，我只想問貴公司目前最關心的是什麼？貴公司目前為什麼事而煩惱？」

對方嘆了口氣：「承蒙先生這麼關心，我就直說了吧，我們最頭痛的問題，是如何減少存貨，如何提高利率，您的產品我們真的沒興趣呀！」

大村博信卻沒有說什麼，馬上到電腦公司，請專家設計了一整套方案：如何使用自己公司的電腦，使公司存貨減少，利率增加。

當大村博信再度去拜訪這個公司採購部負責人時，邊出示那套方案，邊熱情介紹：「先生，請您看一下這套方案，希望能夠減輕您的煩惱。」

採購部負責人將信將疑翻開那些資料，越看越高興：「先生，太感謝您啦。資料留下，我要向上級報告，我們肯定要購買您的電腦。」

後來，他們果真買下了大村博信的一大批貨。要想使客戶購買你推銷的商品，首先要了解其興趣和關心的問題，並將這些作為雙方的共同話題。

共同的話題能夠緩解推銷時容易出現的生硬氣氛，為成功的推銷鋪平道路。

09 好口才能使推銷轉敗為勝

必須承認現在的顧客越來越有理智，不會再因為花言巧語就輕易的掏出錢包，但在推銷用語上花些心思確實能推動推銷的成功。有時看起來已成定局的失敗也會因為語言而轉變。

美國紐澤西州一對老夫婦準備賣掉他們的房子。他們委託一位房地產經紀商承銷。這家房地產經紀商請老夫婦出錢在報紙上刊登了一個廣告。廣告的內容很簡短：「出售房屋一棟，有六個房間，壁爐、車庫、浴室一應俱全，交通十分方便。」

廣告刊出一個月之後無人問津，房地產商說他沒有辦法了。老夫婦又登了一次廣告，這次他們親自撰寫廣告詞：「住在這所房裡，我們感到非常幸福。只是由於兩個臥室不夠用，我們才決定搬家。如果您喜歡在春天呼吸溼潤新鮮的空氣，如果您喜歡夏天庭院裡綠樹成蔭，如果您喜歡在秋天一邊欣賞音樂一邊透過寬敞的落地窗極目遠方，如果您喜歡在冬天的傍晚全家人守著溫暖的壁爐喝咖啡時的氣氛，那麼請您購買我們的這所房子。我們也只想把房子賣給這樣的人。」廣告刊出不到一個星期，他們就搬家了。

這對老夫婦成功地推銷了他們的老房子，他們的推銷語言中有商品的資訊，同時卻運用語言藝術將資訊傳遞過程變得更加新穎，更有針對性，從而增強資訊刺激的力度，加速了購買意圖轉化為購買行為的過程，使已經被專業人士認定為失敗的案例轉化為成功的買賣。

二、面對客戶，先聲奪人

01 漂亮的開場白是成功的一半

專家們在研究推銷心理時發現，洽談中的顧客在剛開始的 30 秒鐘所獲得的刺激訊號，一般比以後 10 分鐘裡所獲得的要深刻得多。在不少情況下，推銷員對自己的開場白處理得夠不夠理想，幾乎可以決定一次推銷訪問的成敗。比如人們習慣用的一些與推銷無關的開場白，「很抱歉，打攪您了，我……」、「喲，幾日不見，您又發福啦！」、「您早呀，大清早到哪兒去呀？」、「您不想買些什麼回去嗎？」顧客在聆聽第一句話時集中注意力而獲得的只是一些雜亂瑣碎的資訊刺激，一旦開局失利，以下展開推銷活動必然會困難重重。

開始即抓住顧客注意力的一個簡單辦法是去掉空泛的言辭和一些多餘的寒喧。為了防止顧客走神或考慮其他問題，在推銷的開場白上多動些腦筋，開始幾句話必須是十分重要而非講不可的，表述時必須生動有力，句子簡練，聲調略高，語速適中。講話時目視對方雙眼，面帶微笑，表現出自信而謙遜、熱情而自然的態度，切不可拖泥帶水、支支吾吾。一些推銷高手認為，一開場就使顧客了解自己的利益所在是吸引對方注意力的一個有效思路。

例如：「您知道一年只花幾塊錢就可以防止火災、水災和失竊嗎？」保險公司推銷員開口便問顧客，對方一時顯得無以回答，又表現出很想得知詳細介紹的樣子，推銷員又趕緊補上一句：「您有興趣參加我們公司的保險嗎？我這裡有二十多個險種可供選擇。」又如，某拖板車廠推銷員問物流公司管理人員：「您希望縮短貨物搬運時間，為公司增加兩成利潤嗎？」對方一聽，馬上對上門訪問的推銷員表現出極大熱情。在上述兩例中，如果推銷員直截了當地問對方，是否需要參加保險，是否想購買拖板車，而不是以問話的形式揭示保險、拖板車帶來的好處，推銷效果顯然會差一些。在開場白中，推銷員開門見山地告訴顧客，揭示你可以使對方獲得哪些具體利益，如「王廠長，安裝這部電腦，一年內將使貴廠節省 50 萬元開支」、「胡經理，我告訴您貴公司提高產品合格率的具體辦法⋯⋯」這樣的開場白肯定能夠讓顧客放下手頭工作，傾聽推銷員的宣傳介紹。

使用開場白技巧的好處就在於為你和客戶的對話建立方向和焦點，使客戶知道你曾考慮他的興趣和需求；讓雙方都有所準備，然後再做資訊交流，保證能有效地運用你的和客戶的時間；使你和客戶在拜訪中能同步前進。使用開場白技巧時應注意的事項：

在拜訪前要先想一想，為什麼客戶願意和你會面，然後預備開場白的陳述。

講開場白前，你可以和客戶稍作閒談，以營造自然開放的氣氛。但不要閒談過久，浪費了拜訪的時間。

你可以利用話題引出開場白的陳述。例如，你可以重提上一次和客戶接觸的情形。

除了詢問客戶是否接受你所提出議程外，你還可以請客戶在議程內加進一些專案。

如果客戶會見你的理由和你原先所構想的不盡相同，你應更改議程。

例如，你可以說：

「大部分和我們合作的機構都希望職員在出差時，有更好的生產效率（假設需求）。我們的電腦設有內建印表機，能為外出工作的員工節省金錢和時間（相關的一般利益）。」

「你們這一類的業務經理，總想取得最新的競爭情報（假設需求）。我們的競爭分析服務能讓客戶隨時知道對手的最新行情（相關的一般利益）。」

下面請看一個以「開場白」完成交易的很好的例子：一位專業推銷員拜訪了一家大公司的總部，這家公司是全球數一數二的大企業。在與該公司的公關部副總裁約翰．卡森進行一連串的通訊與電話交談之後，雙方終於排定了一個會面時間。

推銷員苦心安排這次會談的目的，是要對該公司的高階主管做一番推銷說明，希望他們能允許他撰寫一本有關此公司的書籍。因為推銷員要訪談該公司 150 名左右的職員，所以獲得該公司管理階層的認可是絕對必要的。如果沒有這項應允，他就沒有可能寫出這本書。

這位專業推銷員在這項會談開始的前幾分鐘抵達約翰·卡森的辦公室。在寒暄一番之後，約翰說：「我個人十分支持你寫這本書，我想這對我們公司是很好的一次公關機會。」

「謝謝你，約翰，這真是好消息，」推銷員回答，「我也同意你的說法。這將為貴公司創造良好的聲譽。」

「我已經將它推薦給我們公司的董事會。但是除非你獲得他們的認可，否則事情還是行不通的。」

「這本書對你們公司來說有利無害，」推銷員說，「我相信他們會贊同的。」

「很不幸，我並不認同你的自信。」約翰說。

「你不認同？」推銷員問。

「讓我先跟你說一下誰會出席這個會談，」約翰說，「除了我們的最高主管以及行銷部門的資深副總裁之外，人際關係部門的執行副總裁與企業事務部門的副總裁也會出席，如果你的提案被通過的話，企業事務部門副總裁將直接與你共事。」

「現在，問題是，」約翰繼續說道，「每個人都誠心地認為你的書是一個好點子，但是今天不會對此做出任何決定。然後它就像一大堆其他的好點子一樣，在某個地方被埋葬起來。由於它不是我們公司第一優先考慮的事務，因此我們再也不會將它提出來討論。我要說的是，即使你的書再不錯，除非它在今天通過，否則它將無限期地被擱置。我們有好多東西尚待討論，實在不可能再對這個問題討論一次。」

二、面對客戶，先聲奪人

「在我尚未走進獅子巢穴之前，這真是一個好的警告。」推銷員露出蒼白的笑容說道。

「還有一件事，」約翰補充道，「我們的會議在 10 點 30 分舉行，在 11 點還有另一場會議，我們不能遲到，所以你大約只有 25 分鐘的時間來推銷你的書。」

這項會議在一間美輪美奐的會議室進行，為首坐著的是公司的最高主管。推銷員感覺只要能說服這位主管，那麼其他人必然也會跟隨著他的決定。然而，推銷員知道必須在今天說服才行。他沒有第二次機會。

約翰首先提及了數本推銷員撰寫的著作，然後表示他個人十分喜歡推銷員之前寄給他的數本書，接著他轉向推銷員說：「現在輪到你發言了。」

推銷員起身以最謙卑最誠摯的聲音說道：「各位女士先生，我今天十分榮幸地在這裡對貴公司的高層經理人發表談話，貴公司真是我們國家歷史上最優秀的組織之一。當我還是一名小男孩時，我便對貴公司仰慕不已。」

推銷員知道這一番話聽來文藝腔十足，但是卻十分見效，所以他接下去說：「今天能在此對各位發表談話，的確是我推銷生涯中最精采的時刻。畢竟，你們肩負的是這個數十億美元跨國公司事業的未來。今天，你們將寶貴的時間交給我，所以我要告訴你們我要著手進行這本書的內容，是有關貴公司的歷史，以及現在進行專業管理的過程。」

推銷員感到自己的確吹捧得有點過火了，他繼續說：「所有貴公司的重要決定都是由你們作出的，因此對我這本書的認同便成為你們最容易的小決定了。事實上，在與那些真正的大決策相比之下，這無疑是一件最容易決定的事情。」

「我真的很高興你們今天能邀請我來參加這個會議，因為在 20 分鐘後我走出這裡時，我已經知道你們的決定是什麼了。這是我對你們這些頂尖主管的仰慕所在，也就是你們能將公司管理得如此成功的原因。我曾經見過一家大公司的主管們，」推銷員此刻將聲音壓低說道，「我不會說出他們的名字，但是他們絕對不相信我忍受了多大的不幸，全都因為他們無力做出決定。他們在完成任何一件事之前，都必須經過無數官僚程序的推諉搪塞。我發誓我再也不會和這家公司共事，因為它的程序已經陷入了官僚主義中而無法動彈，以至於高層經理人無法做出重要的決定。我腦中有著許多寫書的好點子，我的生命實在不需要這種的不幸。如果我意識到某家公司正令我陷入這種不幸的話，我會跨步離去，選擇和其他公司一起工作。」推銷員緊接著逐章地說明這本書所寫的內容，這些解說耗費了 10 分鐘，最後，他又主持了 5 分鐘的問答。

在他回答完幾個問題之後，最高主管說話了：「我看不出我們不放手讓舒克先生寫這本書的理由，他可以開始進行這本書了。有任何人不同意嗎？」

每個人都點頭表示同意，當約翰關上他的辦公室的門之後，他對推銷員說：「如果我沒有親眼看到的話，我實在不會相信，我真的不認為在這場會議上，你的書有什麼機會獲得通過。我恭喜你完成了一項不得了的推銷工作。」這位專業推銷員一個「開場白」完成了這項交易。一般來說，真正促成買賣的關鍵在於你推銷開始與中間所說的話。你是以自己的語言打動對方的，使對方接受你的推銷。

02 激發欲望，功夫盡在提問中

在面對面的推銷中，推銷員應以一種自然而然的方式激起顧客的購買欲望。這種方式就是提問。

推銷人員在面談時常用的提問方式有：

（1）主導式提問

把你的主體思想說出來，在說話的末尾用提問的方式把你引導成交的意圖傳遞給顧客。例如：

「目前節約用電是個非常重要的問題，不是嗎？」

「現在很多先進的公司都使用 AI 了，不是嗎？」

這些都是把你的觀點放在一句話前面的主導式提問。如果你說的話符合事實而又與顧客的看法一致，他當然會同意並且說「是」。只要運用得當，你會引導顧客說出一連串的「是」，直到成交。可以說，推銷工作是一門正確提問的藝術。要牢記：要等到顧客表現出購買的主觀願望時你才能提出引導性的問題。如果他們沒有表現出主觀興趣，你就喋喋不休地提出一大堆問題引導他們購買，結果會適得其反。一位推銷員推銷的產品是辦公室影印機，他和某公司辦公室主任約定會談。

他想賣給他們的是一臺「佳能」牌影印機。「佳能」的效能的確很好，不僅影印速度很快，而且分頁裝訂也快。推銷員認定他們一定會買一臺。因此，他把影印機打好包裝，捆在一臺帶有輪子的輕便小車上，而且還準備好一本精美的介紹資料。總之，他信心十足，以為萬無一失。

會談一開始，推銷員就說：「您想要一臺印刷精確逼真的影印機，是嗎？您喜歡一臺能同時完成分頁和裝訂的影印機，對嗎？」辦公室主任搖著頭說：「不，我們從來不在自己的辦公室裡裝訂任何東西。馬路對面有一家裝置完善的印刷廠，所有這些分頁、裝訂的事情他們都包下來了。我們只要一臺結構小巧，不出故障的高品質影印機就行了。」瞧，推銷員把自己弄得多尷尬！

他不是問對方想要什麼，而是告訴對方該要什麼。他沒有等顧客表達出購買意圖就一頭鑽到死胡同裡去了。內行的推銷員要善於抓住買主的主觀意圖，而不是把自己的主觀願望強加於對方。

（2）徵詢式提問

以徵求意見或請教的方式提出問題進行引導能給人較為親切的感覺。這種提問方式與前面那一種方式恰好相反。比如，前面舉過一個主導式提問的例子：「現在很多先進的公司都使用 AI 了，不是嗎？」徵詢式的提問則是「現在很多先進的公司都使用 AI 了吧？」這種提問方式更為靈活，並且更讓人感到親切。

要做到非常熟練自然地向顧客提問需要反覆練習。不要把這看得太簡單。因為這是一種語言習慣，在不知不覺中影響著顧客的心理。你要在激烈的推銷競技場中站穩腳跟，就必須認真從基本功練起，即反覆地、大聲地背誦一些問句，訓練自己在不同場合作出迅速的反應，才能掌握高水準的語言技巧，得心應手。

（3）暗示式提問

暗示式提問特別適用於應付競爭情況的提問。推銷人員如果直接對競爭對手的產品進行攻擊，往往會失去顧客。而若能以暗示性提問來應付競爭，可能會收到比較好的效果。暗示性提問就是把露骨的攻擊加以隱蔽，藉以提問的方式作出結論。例如，某顧客已經購買了某品牌的衛生紙，若推銷人員直接指出顧客判斷錯誤，才會購買這種衛生紙，必定使顧客對你築起壁壘，不願採納你的意見。你若如此提問：

「××先生，您是否想節省每天所浪費的經費？」

通常，顧客同意節省不必要的開銷。

「您是否在廁所看到您的客人拿著兩三張衛生紙甚至五張衛生紙在擦手？」

「是的，看過。」

這位推銷人員本來就知道該飯店發生了這種現象，但又問：「您看得出我的紙巾與其他品牌有何不同嗎？」

「看不出，都一樣。」

「用我的紙巾擦手，一次只需要一張就夠了。我向您演示一下？」

「好！」

從以上的對話中可知，推銷人員並沒有直接攻擊競爭對手的產品品質，而憑藉提問來開拓自己的市場。

（4）含蓄式提問

把引導顧客成交的意圖隱藏在你的提問中，含而不露。在這種提問中常常帶有與時間有關的因素：

「此刻我們已經解決了那個問題，您是否打算……？」

「下星期當您提貨時，您的妻子不是會很高興嗎？」

「因為您打算把您的……使用更長的時間，要是能用……方法是否會更好一些？」

以上是比較含蓄的引導提問法。

（5）限定式提問

在一個問題中提示兩個可供選擇的答案，兩個答案都是肯定的。

在推銷工作中常常要和顧客約會。怎樣才能訂下約會呢？有經驗的推銷員從來不會問顧客「我可以在今天下午來見您嗎？」這樣的話顧客會說，「不行，我今天的日程實在太緊了，等我有空的時候再打電話跟你約時間吧。」

精明的推銷員在提問時給顧客提供兩種答案供選擇：「王經理，今天下午我正好要經過貴公司，您看我是在 2 點鐘左右來見您還是 3 點鐘來？」「3 點鐘來比較好。」當他說這話時，你們的約定就成了。成功的原因是你提示了，兩個讓他作出肯定答覆的問題，而沒有給他機會說「不」。

假設你推銷噴氣式客機，如果你問：「您打算付我多少訂金？」那先生可能遞給你一張 10 元鈔票，說：「好吧，我只帶了 10 塊錢，這架飛機我訂下了。」這能行嗎？你必須根據公司有關的規定，策略地問：「先生，我們現在談的是一筆重大的交易，您願意付給我們 5%還是 10%訂金？」他會怎樣回答你的問題呢？「5%。」

（6）立即應答式提問

每當顧客對你的產品表示了某種有利的主觀見解時，你要立即應答，把他的見解肯定下來，一步步地促使他下定決心。這種應答的形式多半是簡短的問句和反問句。

例如：

顧客：「品質是很重要的。」

推銷員：「難道不是嗎？」

推銷時機往往來得很快，但也變化多端，我們應該迅速地作出對成交有利的反應。以下又是一個例子：

顧客：「我喜歡綠色的。」

推銷員：「可不是嗎？綠色是很動人的顏色。我們備有3種不同色調的綠色時裝，您喜歡哪一種？巴黎綠、愛爾蘭綠或紐西蘭綠？」

顧客：「我看看巴黎綠的衣服吧，我覺得這種顏色最高雅。」

推銷員：「可不是嘛！」

就這樣亦步亦趨利用應答式短問句表示贊同，促使你的顧客下定決心購買你的貨物。

在和那些想在會談中占支配地位的大主顧談買賣時，這種應答式的提問技巧特別發揮作用。顧客的看法如果不利於成交，你可以不作聲，不要貿然應答。只有在非常必要時你才去糾正某些錯誤的資訊。你應集中精力引導主顧做出積極的決定。

主顧：「你這種型號的機器看上去像個方盒子。」

推銷員（對這種貶義的看法避免立即應答）：「你看到的

是我們的一般產品，先生。請到這邊來，我想聽聽您對我們這種新出的屏障式切斷機的意見。」

主顧：「我認為這才是新的式樣。」

推銷員：「我沒說錯吧？請告訴我，您覺得它怎麼樣？」

主顧：「看上去它很輕便，而且工作速度不會慢。」

推銷員：「難道不是嗎？您想它操作起來會怎麼樣？」

主顧：「噢，我不知道，但我願意試試。」

往下談要看你是否掌握了他的情緒以及你的示範工作做得如何。在上述對話中你已經用應答式的短句讓顧客一連3次表示了尚未肯定的「是」。那麼，你得到最後肯定的「是」就有把握得多了。

要使提問取得良好的效果，推銷人員應注意：提問的時機要適宜。提問時，應注意顧客的情緒，在顧客適宜答覆時提問：提問的速度要適當，太快似乎有審訊感，太慢令人感到沉悶，提問的內容要有針對性，避免因禁忌問題而冒犯顧客，提問的先後次序要有邏輯性。

推銷員在向顧客提問時應注意以下幾點。

◆不要向顧客發布「最後通牒」

在推銷實踐中，有一些推銷員往往要在面談中向顧客提這樣一些問題，比如「您還不作購買決定」、「我們能否今天就達成協議」、「您是否接受我們的推銷建議」、「您買這種產品嗎」等等。這些問題由於類似「最後通牒」的形式，因而往往使顧客感到反感。為了擺脫來自推銷人員一方的壓力，顧客會毫不留情地拒絕推銷人員的建議。所以，在誘導顧客購買推銷品的時候，不要向顧客發布「最後通牒」式命令。

從另一個角度看，這種提問也違反了銷售心理學的一條規則，即要避擴音出一些容易遭到反對的問題。以「最後通牒」形式問顧客意見，只會招致否定的答覆。「我們再來談一談你要不要這個產品？」這樣的提問只會引起顧客的反感，「不，我現在不想談。」

◆要有目的地向顧客提問題

在推銷產品的過程中，要有目的地向對方提問題，盲目地提問是毫無意義的。

有一位牧師問一位長老：「我可以在祈禱時吸菸嗎？」他的請求遭到了拒絕。另一位牧師又問同一長老：「我可以在吸菸時祈禱嗎？」因為措辭變了，所以，他被允許了。後者的請求與前者的請求相同，為什麼前者遭拒絕，而後者獲批准呢？這個例子提醒我們：提問的技巧十分重要。

◆用溫和肯定的語氣提問

提問的語氣不同，對方的反應就不同，得到的回答也不同。例如：「你們殺價這麼狠，我們能接受嗎？」「你們的殺價遠超出我們的猜想，有商量的餘地嗎？」前者似乎有挑戰的意思，它似乎告訴對方，如果你們殺價太狠，我們就沒什麼可談的了：而後者則使談話的氣氛緩和多了。可見，提問的語氣直接影響對方的態度。

在日常生活中我們發現，用肯定的語氣與人交談，會給人可信可親的感覺，反之，用否定的語氣與人交談，則給人疏遠疑惑的感覺。

因此，在推銷過程中多用肯定語氣交談，可以使顧客對推銷發生更大的興趣。不要問「我想知道你們是否還有足夠的毛線？」「我能使你對改變辦公室的布局和裝潢發生興趣嗎？」諸如此類的問題不應向顧客提出，而應該首先向自己提出。

一些值得借鑑的好的開頭語有：「你已經……」、「你是否……」、「你願不願意……」、「你想……」在業務洽談開始時，應該集中談論顧客感興趣的問題。儘管有些時候把恐嚇作為最後一著棋，也能達到目的，但是其後果是不堪設想的。

03 講究方式，回答問題有技巧

不僅僅是提問需要技巧回答顧客的提問也要講究技巧，這些技巧實際上就是以不同的方式回答不同問題的方法。顧客提出的每一個問題都有每一個問題的情況和背景，有的問題需要詳細說明；有的三言兩語就可以解決，不能採取千篇一律的方法來處理。需要強調的一點是：你必須明確，只要顧客在不斷地提出問題和異議，他們就一直存在著購買商品的興趣。下面介紹幾種技巧：

（1）使用「是……但是」法

在回答顧客問題時，這是一個廣泛應用的方法，它非常簡單，也非常有效。具體來說就是：一方面推銷員表示同意顧客的意見，另一方面又解釋了顧客產生意見的原因及顧客看法的方向性。

由於大多數顧客在提出對商品的看法時，都是從自己的主觀感受出發的，也就是說，都是帶有一種情緒的，而這種方法可以穩定顧客的情緒，可以在不同顧客發生爭執的情況下，委婉地提出顧客的看法是錯誤的。當顧客對商品產生了誤解時，這種方法是有效的。

例如，一位顧客正在打量一株紫羅蘭。

顧客：「我一直想買一株紫羅蘭，但是我又聽說要使紫羅蘭開花是非常困難的，我的朋友就從來沒有看到他的紫羅蘭開過花。」

推銷員：「是的，您說得對，很多人的紫羅蘭是開不了花，但是，如果您按照規定的要求去做，它一定會開花的。這個說明書將告訴您怎樣照顧紫羅蘭，請按照上面的要求精心管理，如果它開不了花，還可以退回商店。」

你看，這個推銷員用一個「是」對顧客的話表示贊同；用「但是」解釋了紫羅蘭不開花的原因，這種方法穩住了顧客，使顧客以更濃厚的興趣傾聽推銷員的介紹。

（2）使用「直接否定法」

當顧客的問題來自不真實的資訊或誤解時，可以使用直接否定法。然而，這是回答顧客問題時的最不高明的方法，等於告訴顧客他的看法是錯誤的，是對顧客所提意見的直接駁斥。

因此，這種方法只有在適當的時候才可以使用，請看下面的例子：

一位顧客正在觀看一把塑膠手柄的鋸：「為什麼這把鋸的手柄要用塑膠的而不用金屬的呢？看來是為了降低成本。」

推銷員：「我明白您說的意思，但是，改用塑膠手柄絕不是為了降低成本。您看，這種塑膠是很堅硬的，而且它和金屬的一樣安全可靠。許多人都非常喜歡這種款式的。」

試想，假如推銷員說：「您是從哪裡聽說的？」顧客可能會感到生氣和憤怒。但是，推銷員用同情的語氣予以解釋，情況就大不相同了。顧客對「直接否定」法的反應更大程度上取決你怎樣使用這種方法。

（3）使用「高視角、全方位法」

顧客可能提出商品某個方面的缺點，推銷員則可以強調商品的突出優點，以弱化顧客提出的缺點。當顧客提出的問題基於事實根據時，可以採取此法。

請看下面的例子：

推銷員：「這種沙發是用漂亮的纖維織物製成的，坐在上面感覺很柔軟。」

顧客：「是很柔軟，但是這種材料很容易髒。」

推銷員：「我知道你為什麼這樣想，其實這是幾年前的情況了，現在的纖維織物都經過了防汙處理，而且還具有防潮效能。假如沙發弄髒了，汙垢是很容易除去的。」

（4）使用「自食其果法」

當顧客提出商品本身存在的問題時，可以用這種方法把銷售的阻力變成購買的動力。採用這種方法，實際上是把顧客提出的缺點轉化成優點，並且作為他購買的理由。請看下面的例子。

一位顧客正在看一臺洗衣機：

顧客：「這種洗衣機品質很好，就是價格太貴了。」

推銷員：「這種洗衣機的設計是從耐用、壽命長考慮的，可以使用多年不用修理。別的牌子雖然便宜一點，但維修的費用很高，比較起來還是買這種洗衣機划算。」

顧客對商品提出的缺點成為他購買商品的理由——這就是自食其果。請記住這樣一個信條：一家商店、一家公司都要有信心，要相信自己能夠戰勝對手，這一點非常重要，無論怎樣強調都不過分。

（5）使用「介紹第三者體會法」

這種方法是利用使用過商品的顧客給本店來的感謝信來說服顧客的一種方法。一般說來，人們都願意聽取旁觀者的意見。所以，那些感謝信、褒揚商品的來信等，是推銷商品的活教材。請看例子：

顧客：「這個車庫的門我怎麼也安裝不好。」

推銷員：「我理解您的心情，幾個星期前哈得森博士也買了一個類似的門，剛開始也擔心安裝不好，可是前幾天我收到她的一封信，她說只要按說明書的要求做，安裝非常容易。請您先看看說明書，我去拿哈得森的信來。」

（6）使用「結束銷售法」

在整個銷售過程中，要抓住每一個可能結束銷售的機會。假如顧客的問題是一個購買訊號，就正面回答顧客，然後結束銷售。當顧客對商品提出的問題或表示的意見是和他占有的商品相關聯的時候，這就是顧客準備購買的一個訊號，在回答顧客的問題之後，就可以結束銷售。比如一個顧客正打量一套衣服。

顧客：「我很喜歡這套衣服，但是褲子太肥了，上衣的袖子也長了點。」

推銷員：「不要緊，我們有經驗豐富的裁剪師，稍微修一下，就會很合身的。讓我叫裁剪師來。」

顧客：「太好了，謝謝！」

可見，只要熟練掌握以上技巧，巧妙地答覆顧客，使推銷圓滿成功並不是一件很困難的事情。

在答覆顧客提出的問題時，應注意以下事項：

第一，答覆顧客提問時，應該搞清楚問題的真正含義後才能給予回答，切忌隨便答覆。答覆要有條有理，通俗易懂，簡明扼要，切不可東一句，西一句，不著邊際。因為顧客的許多提問，旨在探求推銷人員的真實情況。

第二，答覆要有分寸，正確的答覆未必是最好的答覆。答覆的技巧在於掌握什麼應該說，什麼不應該說，而不完全在於答覆的對與錯。答覆要既不言過其實，也不弄虛作假。答覆應得體、巧妙，贏得顧客的好感和信任。

第三，在答覆之前，應使自己有充分的思考時間，為了爭取更多的思考時間，推銷人員可以採用一些方法拖延答覆。例如請求顧客解釋他所提出的問題，或用「記不清」、「數據不全」等藉口拖延答覆。

第四，有些答覆要有彈性，不要把話說得絕對化。對於企業需保密的資訊數據，應繞過不作正面回答，或者委婉地說明並表示歉意。

04 抓住心理，讚美別人很重要

卡內基曾說：「人性的弱點之一就是喜歡別人讚美。」每個人都會覺得自己有可誇耀的地方，推銷人員如果能抓住顧客的這個心理很好地利用，就能成功地接近顧客。讚美要符合顧客心理，用真誠、得體的話語打動顧客的心。

原一平認為：「有的場合恭維也是一種口才，不要說那些不是出於內心的話。」當你認為正好這樣恭維最恰當時，那就恭維他幾句，這就是所謂極好的恭維時機。只要恭維得有根據，自己發自內心喜歡、羨慕對方，對方埋藏的自尊心被你所承認，那他一定非常高興。

因為我們每個人都有自尊，都希望別人對自己的優點有一個肯定的評價。如果你是真誠的，不使人感到虛假或敷衍，對方會認為你很體諒人，就會對你表示友好、親近，願意與你合作。

有一個專門推銷各種罐頭食品的推銷員約見一家商場的經理時，飽含敬佩地說：「陸經理，我去過你們的商場很多次，作為市內最大的專業食品商店，我非常欣賞你們商場高雅的店頭布置，你們貨櫃上也陳列了許多著名品牌的食品，店員和藹待客，百問不厭，看得出來，陸經理為此花費了多少心血，可敬可佩！」聽了推銷員這一席恭維話語，陸經理不由得連聲說：「做得還不夠，多包涵，請多包涵！」嘴裡這樣說，心裡卻樂不可支。

推銷員用這種讚美對方的方式開始推銷洽談，很容易獲得顧客對自己的好感，推銷成功的希望也大為增加。當然，讚美對方並不是美言相送，隨便誇上兩句就能奏效的，如果方法失當反而會造成相反的作用。因此，利用讚美的方法必須看準對象，了解情況，選對時機，恰到好處地進行讚美。

恰到好處地讚美顧客，需要注意四個方面的問題：

- 注意場合。當對方願意聽、喜歡聽的時候，你恭維他，他會很高興。
- 注意尺度。不要過分，過分的恭維會令人感到虛假。
- 要有根據，要真正發自內心。恭維的內容很多，如容貌、體態、個性、人品、能力、興趣愛好等，特別是當時所感覺到的。
- 要分清對象，區別對待，適當用詞。如果你面對一個西方女性，對方年紀再大，說她年輕，漂亮甚至性感，她都會很高興，但面對東方人，哪怕是一個中年婦女，她聽了也會認為是在挖苦她。

最後需要說明的仍然是誠懇的態度。只有態度誠懇，購買者才對你的讚美感興趣。如果你的讚美毫無誠懇之意，讓購買者感到虛偽，那麼這樣的讚美還是不要為好。讚美是推銷談判口才中較為重要的一項，認真學好、練好，用好這種「口才」，一定能讓你的訂單越來越好！

05 抓住顧客心，一句定成敗

其實不少推銷員都有良好的口才，能打動客戶的好推銷員卻並不很多。原因就是所有的推銷員都說同樣的話，所以要想獲得成功就必須與眾不同，有更出色的口才。

口才出色的推銷員還善於安排講解的順序。科學合理、起伏有致的講解不但表明你言語的邏輯，而且還反映出你頭腦的清晰。彆扭的講解讓人不得要領，產生淩亂無緒的印象。

比如，一個優秀的推銷員會這樣對他的顧客講解他要推銷的醬油瓶：

「我們開啟它的蓋子，有個舌狀的倒出口，出口上刻有 7 公分的溝槽，可以防止瓶內液體外漏，而注入口可倒入多種液體：油、醬油、醋等。」

「這個瓶子有著光潔的圓錐形外表、圓頂狀的蓋子，摸起來舒服，看起來別緻。」

「它最大的優點是，倒完瓶內醬油後，瓶口不會有殘餘液體，非常衛生。本廠曾選擇 100 個使用者進行實驗，經過 1 年的試用，反應甚佳。」

「據我們所知，目前在市場上尚未有同類產品。相信我們的前景相當可觀，一定能給您帶來很大效益。」

這樣安排講解的順序，層次分明，條理清楚，有理有據，邏輯性強，足見推銷員的口才功力。

推銷員想要在面談中誘發顧客的購買欲望，首先得掌握顧客心理，讓顧客認可產品然後接受產品。一位電子產品推銷員在推銷產品時，與顧客進行了這樣一番對話：

推銷員：「您孩子快升國中了吧？」

顧客愣了一下：「對呀。」

推銷員：「國中是最需要開啟智力的時候，我這裡有一些遊戲軟體，對您孩子智力的提升一定有益。」

顧客：「我們不需要什麼遊戲軟體，都快上國中了，誰還讓他玩這些。」

推銷員：「我的這個遊戲軟體是專門為中學生設計的，它是數學、英語結合在一起的智力遊戲，絕不是一般的遊戲軟體。」

顧客開始猶豫。

推銷員接著說：「現在是一個知識爆炸的時代，不再像我們以前那樣一味從書本上學知識了。現代的知識是要透過現代的方式學的。您不要以為遊戲軟體是害孩子的，遊戲軟體現在已經成了孩子的重要學習工具了。」

接著，推銷員開始展示給顧客看，說：「這就是新式的遊戲軟體。來，我們試著操作一下。」

果然，顧客被吸引住了。

推銷員趁熱打鐵：「現在的孩子真幸福，一生下來就處在一個良好的環境中，家長們為了孩子的全面發展，往往投入多大都在所不惜。我去過的好幾家都買了這種遊戲軟體，家長們都很高興能有這樣有助於孩子的產品，還希望以後有更多的系列產品呢。」

顧客已明顯地動了購買心。

推銷員：「這種遊戲軟體是給孩子的最佳禮物！孩子一定會高興的！」

結果是，顧客心甘情願地購買了幾套遊戲軟體。在這裡，推銷員抓住了顧客的心，一步一步，循循善誘，激發了顧客的購買欲望，使其產生了擁有這種商品的感情衝動，促使並引導顧客採取了購買行動。

對於推銷員來說，抓住顧客的心是說服顧客的利器，是掌握主動權的保證。

銷售成功之路布滿荊棘，每一個環節，每一個細微之處都要考慮周到，既要善於思維，更須長於說辯。作為君王，可以「一言興邦」或者「一言喪國」：而作為推銷員，在推銷洽談中如果能掌握對方心理就可以「一言而勝」或者「一言而敗」。所謂一言而勝，就是說這一言，說到了對方的心上，打動了對方，實現了自己的目的。所謂一言而敗，就是說你的話沒有說到人家的心上，人家不愛聽，你就算白說了。

會不會說話，關鍵就是看你說出來的話，是不是對方喜歡聽的話，需要聽的話。而要做到這一點就需要你掌握一定的心理學知識，加上細緻的觀察和不斷的體會，才能說出人喜歡聽的話。只要能先把自己「推」出去，就不愁貨「銷」不了了。

06 簡明扼要，談話目的要明確

推銷首先就得讓顧客明白你說的是什麼，你的產品，你所代表的公司有什麼優點。所以在與顧客的面談中要使用簡明的話來說明一切，讓他們的注意力快速轉到你身上。

面議洽談是指推銷人員運用各種方式、方法和手段，向對方傳遞推銷資訊並進行雙向溝通、向對方進行講解和示範，說服對方接受或者購買的過程，面議洽談在推銷的各個環節中，有著舉足輕重的作用。

推銷面談的目的在於溝通推銷資訊，誘發對方的接受或者購買動機，激發對方的欲望，說服對方採取行動。為了實現推銷面談的目的，推銷人員需要完成以下任務：

首先，向對方傳遞推銷資訊，介紹推銷產品的情況，幫助對方迅速了解推銷產品及其特性和利益。對方只有在接受推銷產品的各種資訊，對其產生認識的基礎上，才有可能作出購買決策。推銷人員必須盡快把自己掌握的有關推銷產品的資訊傳遞給對方，幫助對方迅速了解推銷產品的特性和利益。推銷人員應根據具體情況，分析所傳遞資訊的要點，利用口頭語言與顧客進行溝通交流，確保準確、全面、有效地傳遞推銷資訊。

其次，設法保持對方的注意和興趣。對方的注意和興趣是產生購買欲望的前提，推銷約見和推銷接近的目的是引起對方的注意及興趣，而在推銷面談時，推銷人員應想方設法運用口才藝術，保持對方的注意和興趣。否則，你介紹得再詳細，也難以激發對方的購買欲望，難以達到推銷之目的。

第三，刺激對方需求，誘發對方的購買動機。購買動機決定購買行為，而購買動機又來自於對方的需求。因此，推銷人員應了解對方的各種需求，幫助對方解決在需求中存在的問題，有效地刺激對方的需求，誘發對方的購買動機，進而產生購買行為。

第四，解答對方提出的問題，取得對方的信任。推銷人員在推銷面談時，不僅是向對方介紹產品，傳遞資訊。同時還要解答對方提出的問題，只有這樣才能保證與對方進一步的溝通，才能取得對方的信任，才有可能實現交易。

總之，當推銷人員面對對方，展開推銷說服時，首先須明白向對方推銷什麼，然後確定用什麼樣的口才藝術來與顧客溝通。要達到推銷的目的，對不同的顧客，不同的推銷人員總是採取不同的推銷面談方式、方法及手段。

07 以己推人，不說負面話語

推銷中的負面情況不可避免，如果你遇到這種情況有兩種選擇，一是閉口不談或轉移話題，二是負面正說。這樣才不會影響顧客的心情。

話語的正面性與負面性，或者說肯定性與否定性，是說話時必須注意的另一個重要方面。在一般情況下，毫無生氣、灰暗、冷淡的話，誰聽了都會喪氣，正如在陰雨天氣裡難於有一個好的心情一樣。面對這類話語，很難指望顧客有積極的反應。因為顧客的選擇受他自己感受的影響，這和人們在選擇餐廳吃飯時的情形是一樣的。冷冷清清、門可羅雀的餐廳，即使店員盡力邀請，顧客也不願光顧，而對那些生意興旺、門庭若市的餐廳，顧客則會不辭辛苦地排長隊等候就餐，這就是不同的氣氛給人帶來的影響。

下列是常見的一些令人喪氣的負面性用語。當然這些大都出於成績不好的推銷員之口。如果你想取得優異成績，就請在商談中避免使用：

- 「今天這種天氣真是討厭！」
- 「今天不行嗎？」
- 「目前狀況真不好。」
- 「我這個月成績不好，請您幫一個忙好嗎？」
- 「請您買好不好？」

當然，說這種喪氣話的推銷員往往同時配有一副令人喪氣的表情，使人難以開心。而那些成績較好的推銷員通常表情都是開朗的，而且常常面帶笑容，令人看了覺得非常舒服。他們的話語也多是積極肯定、充滿活力的。請看下面的語句：

- 「雨看起來快要停了。」
- 「託您的福，這個月進行得很順利。」
- 「希望您能購買。」
- 「看起來情況會好轉的。」
- 「我還要加把勁。」
- 「今天請您作出正確決定。」
- 「這會使您受益更多。」
- 「今年的成績又將有所突破。」

積極的正面性用語，給人的感受一定也是同樣的振奮。為了成為出色的推銷員，請多多練習這種話語，同時還要逐步改善你的表情、心情，多朝這個方向努力，相信顧客會更樂意向你買東西。

08 不要把壞情緒帶到談話中來

不要把你的情緒帶到談話中來，尤其是不好的情緒。因為情緒如同傳染病，會影響他人的心情。壞的情緒使好的場面變壞，使壞的場面更加難以收場。

從消極變成積極並不是一條易走的路，你會失去一些親密或友好的關係。但是，為了爭取自己的自尊心，即使喪失幾個人的好感，也是值得的。當你讓別人知道，他們對你的態度應該像你對他們的態度一樣時，更為健全的新關係就會產生。畢竟，你的人際關係如何，應該由你自己負責。約翰遜（John H. Johnson）是這樣描述自己當年創業時使用正確的說話方法，使自己獲得成功的：

我那時很窮，雖然胸懷大志，卻非常害怕會失敗。而且，我也實在已走投無路。我需要 500 美元購買郵票信封，以創辦我的新雜誌《黑人文摘》。我成功在望，甚至已可聞到成功氣味；然而，我似乎又距離成功很遠。在 1942 年，500 美元可是一筆大錢，而對我這個在阿肯色州貧寒家庭長大的人來說，更是一個可觀的數目。

於是，我做了一件在那年頭前所未聞的事。我前往芝加哥一家大銀行，要求貸款 500 美元做生意。接見我的人是經理的助理，他對我大笑說：「我們不貸款給黑人。」

我頓時怒火中燒，可是，我讀過的教人如何處世的書籍都勸人不要生氣，而要頭腦靈活。我必須化戾氣為祥和。於是我盯著這傢伙的眼睛問道：「在這個鎮上有什麼機構會貸款給黑人呢？」

「我只知道有一家，」他說話時直望著我，對我產生新的興趣，「是市民貸款公司。」我問他在市民貸款公司裡有沒有熟人，他告訴我一個名字。

「我可以說是你介紹我來的嗎？」

他對我瞧了一會兒，然後說：「當然可以。」

市民貸款公司的那個人說：「我們可以給你一筆貸款，但是必須有抵押品，譬如說房子或者其他可用作擔保的資產。」

我沒有房子，可是母親買某件家具時我曾經幫過她。於是，我便要求母親讓我用它作為抵押品。於是，我憑著母親的家具借來了500美元，創辦了《黑人文摘》。而隨著這份雜誌創刊號誕生的約翰遜出版公司，今天已發展成為擁有2億美元資產的王國。

如果約翰遜表現出氣憤，他會使對方成為他的敵人，那就不會向他提供貸款的地方，也不會允許使用他的名義去見貸款專員。約翰遜改變了他說話的態度，以友好的語氣面對拒絕，贏得了對方的尊重，就成功了。事情就這麼簡單。

在你消除溝通上的不良習慣時，你必須用更為有力的辦法來代替。下面有八種辦法供你試用。不可操之過急，先在你的人際關係中使用一兩種，然後再使用其他幾種。要記住，前後一致和堅持不懈是非常重要的。

1. 要直截了當把你的期望說得清清楚楚。消極的人常常以為，他們就是不吩咐，別人也會知道該怎麼做。這往往會引起許多不必要的問題。

2. 在說明問題之前要考慮透澈，腦子裡先要有個概念，事先把事情想通想透，你才能陳述得合情合理。

3. 碰到問題立刻解決，躲避問題只會使問題更趨嚴重和更難解決。如果你對小的問題亦及早處理，那無異是一開頭就說明了你的期望，而別人也就能確實知道你的看法。

4. 小心選擇要對付的問題。最近才學習維護自己權利的人常會做得過火，在同一時間對付太多問題，以致往往弄得焦頭爛額。如果能適當選擇問題，你便更能控制局面，取得較大的成功機會。

5. 表現自己時不可憤怒。如果你只在怒不可遏的時候表現自己，那表示你是軟弱的。假如你不能平心靜氣地表現自己，你對別人言語的反應便可能過於激動。況且，當你大發脾氣的時候，別人很可能會為自己辯護。這樣，真正的問題通常便解決不了。同樣的道理，如果別人聽了你的說話之後產生過分激動的反應，你也不可以感到憤怒。你的毫不動氣，可以在相形之下顯示出對方的態度很不成熟，而且你的鎮定通常還能使他冷靜下來。

6. 利用你自己的地盤。球隊在本地和外隊比賽，常較易獲勝。維護自己的權利也是一樣。在一位同事的辦公室或他的家裡和他對抗，往往會處於下風。因此，在可能範圍內，最好在你自己的「領地」堅持你的意見，這樣你便可以占到不少微妙的便宜。

7. 利用非語言的暗示。說話時眼睛要與對方保持接觸。不要反覆不斷地說明你的理由，要用停頓來加強效果。用適當而非挑釁性的手勢來強調你的論點。

8. 不要虛作恫嚇。你在虛張聲勢的時候，即使年幼的孩子也知道。要建立你的威信，就必須說明你的合理期望，以及說明如果這些期望不能達到時會產生什麼後果，然後貫徹到底。要贏得別人對你的尊重，只有讓他們確實知道你言出必行。

09 換位思考，替客戶著想

心理學家哈瑞·奧維斯特里特（Harry Allen Overstreet）在他的著作《影響人類行為模式》（*Influencing Human Behavior*）中曾說：「人類的一切行為，皆來自某種特定的欲望。不論是在商場，在家中、學校或是政壇上，只要能學會如何去激發對方的欲望，定能支配整個世界，獲得廣泛的支援，否則必將孤獨無助。」

真正要對別人產生影響，最主要的，還是得先弄清楚他需要什麼，並幫著他去獲得滿足。

如果你想叫某人去做某事，在你開口之前，最好先靜心想想：「我該如何使他心甘情願地去做呢？」

提出這樣一個問題之後，你保證不會再莽撞，完全按著自己的需求來要求別人，更不會招致對方的怨言與責備。

縱觀時下，有多少推銷員忙碌一整天下來，卻始終一點成績也沒有，為什麼呢？因為他們滿腦子想的，只是他們自己的需求，而不想想人家並不需要買任何東西，如果真有這個需求，他們也會自己上街去買。相反，如果推銷員能使人們了解他的服務，是在幫助人們解決問題，在這種情況下，人們當然會掏錢買他的東西。許多人當了一輩子推銷員，卻還不懂得站在顧客的立場來想事情。約翰遜說：「有些事能夠打動任何一個人的心，使他答應你的要求。這種事也許與商業無關。它可能是一種夢想，一個希望，或是對一個人或一件事的承諾。」

類似的事例有一件讓約翰遜始終難忘：

田納西州一家公司的代表到芝加哥來兜售一批新化妝品，於是我為我的化妝品公司訂購了一些。這個人後來到了紐約，售出了兩批遠比我的訂購量多的貨物。他回到田納西州後，根本無暇理會我的小訂單和交貨日期。

可是我已根據他的承諾，在店中騰出了空架子。每次我打電話找他時，他都支吾以對。後來我對自己說：「必須想辦法說服這個人，使他履行諾言。有什麼事可以打動他的呢？」接著，我想出來了：榮譽。這個字眼在美國南方是很重要的。

我再打電話給他時，對他說道：「你是南方人，我也是南方人，我要告訴你的是，有好幾家外國公司曾經向我兜售這種貨，可是我卻執意要從一家南方的公司買進這些東西。

我從前在南方時，白人很少答應黑人什麼事情，可是他們一旦答應了你，那你就放心好了。我離開南方已經四十多年了，難道說白人已經改變了這麼多嗎？」

他沉默了很久，然後說道：「約翰遜，你什麼時候要這批貨？」我說：「下星期。」「這個星期好嗎？」他說。最重要而應記住的一點是，我們大家都太只顧自己。如果要說服別人接受我們的意見，我們就應該仔細想想別人的需求，而不是只顧我們本身的需求。

每個人都需要滿足自己內心的某種需求，抓住這一點，你說出來的話就會產生相應的效果。

懂得別人的需求，就能夠得到別人的欣賞，也就能夠得到別人的好意和歡迎。你只要學到這一點，開始逐漸嘗試去站在別人的立場、替別人設想，那也足夠你一生受益無窮了。

威廉．馮特（Wilhelm Wundt）曾經說過：「自我表現，才是人類心底最強烈的一種需求。」同樣的，何不將這些心理常識，試著運用在實際生活當中呢？

是的，我想要得到什麼？什麼也不要。如果我們只圖從別人那裡獲得什麼，那我們就無法給人一些真誠的讚美，也就無法真誠地給別人一些快樂了。詹姆斯．亞當森是紐約超級座椅公司的董事長，當他得知著名的喬治．伊斯曼（George Eastman）為了紀念母親，要建造伊斯曼音樂學校和伯恩劇院時，他很想得到這兩座建築物座椅的訂單。然而，伊斯曼只答應和他面談五分鐘。

「我從未見過這樣漂亮的辦公室，如果我有一間這樣的辦公室，我一定也會埋頭工作的。」亞當森是這樣開始談話的。他又用手摸摸一塊鑲板。「這不是英國橡木嗎？條紋跟義大利的稍有不同。」「是的，」伊斯曼回答，「這是一位對木材特別有研究的朋友替我選的。」

接著，伊斯曼就帶他參觀整個辦公室，興致勃勃地介紹那些比例、色彩和手藝。

五分鐘嗎？一小時過去了，兩小時過去了，他們愉快的談話還在繼續。最後，亞當森終於從伊斯曼那裡得到了滿足。這是自然的，因為亞當森給了伊斯曼滿足。

給別人滿足，你就會受到歡迎，你就能夠推銷自己，也就能夠推銷自己的商品。

在推銷過程中，站在客戶的立場說話，就能夠使你獲得人心，使你成為一個到處都受歡迎的人。

10 表情是無聲的推銷語言

行為學家認為，人的許多表情動作都是具有生物學意義上的適應性活動的遺留。在人類社會的歷史發展過程中，表情不斷豐富和複雜化，並增加了後天訓練和習慣的內容。不同的民族具有與各自文化背景相符的特定情感表現方式。南歐人的情緒外露而強烈，而東方民族的情緒表現則十分含蓄而矜持。有些習慣性的動作在特定文化中有其特定含義，如中國、法國、德國等國家的人以點頭表示「對」，而在保加利亞等國點頭則表示「不對」；亞洲人以拍肩表示關心和愛護，歐洲人以聳肩表示遺憾或驚訝，與朋友見面，亞洲人以握手表示親熱，而在很多國家則以擁抱、親吻表示親熱。

顯然，了解動作表情的含義，對正確表達和理解思想感情是有益的。事實上，在談話時，不管你自己是否注意到，你的表情總是在作出自然的呼應，眼睛凝視著對方，表明你對他的話感興趣：你若東張西望，則顯得心不在焉，有些人下意識地看看手錶，這可能意味著聽得無聊。

表情的呼應要與對方的神情和語言相協調。一個說話幽默風趣的人，你的笑聲會增添他的興致，他說話緊張時，你屏住呼吸則強化了緊張氣氛。表情反應要自然坦率，不能故意做作，動輒大驚小怪地做出表情，會使人覺得你不誠實。

面部表情可以反映一個人的內心世界。人的眼睛是心靈的「窗戶」，從眼神中可以窺探出一個人內心是坦然還是心虛，是誠懇還是偽善。正眼視人，顯得坦誠，躲避視線，顯得心虛；側斜著眼，則顯得輕佻。聆聽講話時，盯著對方的臉部，給人真誠、認真、嚴肅的感覺；自己講話時看著對方的眼睛，給人自信、堅定的感覺。

不僅眼睛能傳神，眉毛、鼻子、嘴部的活動、變化，都能表達一定程度的心理活動。漢語中的許多成語，如怒目而視、橫眉冷對、眉頭舒展、喜上眉梢、眉飛色舞、嗤之以鼻等，都是說明不同的面部表情與心理狀態的關係。

從人的身姿體態、動作舉止也可以了解一個人的內心狀態。有許多描寫身體姿態和動作舉止與思想感情相關的成語，如坐立不安、趾高氣揚、垂頭喪氣、手舞足蹈、捶胸頓足、呆若木雞等等。通常情況下，人們都喜歡穩重大方的人，帶有粗俗習氣的行為舉止是不尊重他人的表現。坐、立、行的姿勢端正雅觀，不僅可以反映出青年特有的氣質，而且能給人有教養、懂禮貌的印象。假如你在客戶面前歪坐在沙發上，蹺著二郎腿，吞雲吐霧，高談闊論，指手畫腳，那麼，你會提前被人轟出辦公室。當然，你也不必在人面前畏畏縮縮，謹小慎微。了解了各種身姿表情的特定含義，不僅可以指導你加強自身的文明禮貌修養，同時也有利於我們了解他人的心理狀態，你可以從對方的身態動作中了解或判斷對方對你的滿意程度。

表情是一個人內在精神的外部表現，是自然而然流露出來的，不是假裝出來，任何人都不可能裝出讓人感動的表情。你要想推銷自己，就要有真誠的態度，有了真誠的態度，你就會產生自然動人的表情，就會感染客戶。

美國著名心理學家艾伯特·麥拉賓（Albert Mehrabian）指出：「非語言的資訊對我們所說的話，可能會背道而馳，也可能有加強作用。不論是哪種情況，這種非語言資訊在溝通上，比說話更具有潛力。」

麥拉賓說：「的確，在感情的世界裡，當我們的面部表情、姿勢與說話背道而馳時，別人會不信任我們所說的話，他們幾乎是依賴我們所做的事。」

麥拉賓提出一個合理的總結：當非語言的行為與說話內容衝突時，非語言的行為遠比說話更具影響力。換言之，接觸、姿勢、手勢以及面部表情，遠比說話重要，並決定資訊傳遞的感覺。所以你在顧客面前一定要言行一致。

據權威機構表示，面部表情占最大比例 55%，語言的表達（聲調）占 38%，最後是說話占 7%。假如面部表情與說話不一致，那麼，面部表情所傳遞的喜好程度，將會主導並決定整體溝通的效果。

因此，當你在與別人溝通時，想要與對方迅速達成親和關係的話，就要了解說話和肢體語言是建立親和關係的最重要因素。

那麼，我們又是如何才能有效地運用肢體語言來增進與人的親和感呢？

◆模仿對方的動作

比如對方蹺起二郎腿：你也蹺起二郎腿。對方手中拿著一枝筆，你也拿一枝筆……

◆同步對方的聲音

比如對方說話的聲音大，你也跟著聲音大，對方不說話，你也不說話。

有位朋友向筆者分享了這樣一個故事，說的是某公司總經理，在批書面文件或是報帳單時，特別是報帳單時，總會看著窗外，一句話也不說，只是靜靜地看著。有許多部門經理不知道這位總經理的習慣，也不知道這些非語言資訊溝通的技巧。

看著總經理不說話，心裡著急，就催促總經理能不能快點。這樣一催，這位總經理更不高興了，索性就不簽。公司上下許多人都碰過一鼻子灰。而有些人就懂得非語言資訊溝通的技巧。當總經理在看窗外的風景時，他也看窗外的風景，總經理不說話，他也不說話，而且總是配合總經理的動作。當總經理回過頭來看文件時，他馬上遞過去一枝筆。這位總經理幾乎看都沒看就簽了。可見，懂得非語言溝通是非常重要的。人們永遠會喜歡喜歡自己的人。

11 努力避免與顧客發生爭執

推銷員的目的是推銷商品而不是賣弄自己的知識或才能，因此推銷員一定要謙和有禮，時時以顧客的諮詢顧問自謙。如果想要圓滿達成銷售商品的目的，必須先與顧客建立良好的人際關係，不要得理不饒人，遇到顧客說錯話時就立刻給予反駁。你要知道你推銷的是產品，而你面對的人就是可能接受你產品的人，所以他就是你的上帝。細想一下，你得罪了上帝，會有什麼好處呢？

當你與顧客交談過程中感覺到自己要生氣了，你要忍著，避免與顧客發生衝突，直到談話結束為止。

（1）顧客永遠是對的

做銷售的人都聽過一句口頭禪：「顧客永遠是對的。」因為發生爭執的時候，會讓顧客產生不愉快的感覺，那麼他將永遠不會想要購買這個推銷員介紹的產品。

為了使整個推銷過程能朝著對自己有利的方向發展，最好是在將要引起爭執時立刻改變話題。

即使是顧客批評你的推銷方法，或者列舉公司的缺點，或者挑剔所推銷的產品，都無所謂，讓顧客去盡情發洩他的情緒。

據有關人士統計，在導致推銷失敗的諸多原因中，由買賣雙方無謂爭論而引起的失敗率高居首位。爭論是說服顧客的大忌，國內外推銷界有一句行話說得頗為在理：「占爭論的便宜越多，吃銷售的虧越大。」然而在推銷實踐中，違反這種規勸的事例屢見不鮮，許多推銷員不是不懂得這個道理，而是不懂得怎樣有效地控制自己。

（2）有效的自制對策

下面為推銷人員介紹幾種有效的自制對策。

- 微笑著保持沉默，並且試著改善雙方洽談的氣氛，給對方沏一杯茶，遞一支菸。
- 打斷顧客的話題，展示一件與此時爭論無關的物品，轉移他們的視線，或者乘機與對方談論別的問題。
- 表示某種歉意，擾亂對方希望爭論的興趣。有時候，推銷員可以轉過身去做一件小事，以消除劍拔弩張的緊張氣氛。
- 讓對方稍等片刻，做出好像有急事要處理的樣子，緩衝對方激動的情緒。

也就是說，聽到顧客的意見後應保持冷靜，不可動怒或採取敵對態度，仍須以笑臉相迎。你不能正面去頂撞顧客，否則只會引起他們的反感；也不能全盤肯定顧客的意見，否則也只會使顧客更加相信他們表達的意見是正確的。怎麼辦呢？你要做的事既不是去肯定也不是去否定顧客的說法，這裡需要的是 —— 理解。

無論在何種場合下，都要使顧客在整個過程中處處受到尊敬，而不應用批評來毀壞他的形象。如果你必須提出不同觀點或糾正別人的話，你要盡可能把話說得得當一些，要一心一意做到對事不對人。

12 避免誤解，把話說到點子上

在這個繁忙的世界上，時間是最寶貴的東西，這就要求推銷員掌握好分寸，在與顧客交流時把話說到點子上，避免顧客誤解。

要把觀點表達清楚，首先要求推銷員在與客戶交流之前，就應該做些準備工作，理清頭緒。弄清楚哪些先講，哪些後講，哪部分是重要內容，需要反覆講。另外可以採取實例來證明你的論述是正確的。當然，你所舉的例子最好是發生在我們周圍的真人真事。

但要注意，即使是舉實例，語言也應簡明扼要，把道理說清說透就可以了，不要囉嗦，防止畫蛇添足。舉大量的實例會使客戶更加信任你的產品和你這個人，而反覆過多地強調便適得其反，要引起客戶的反感了。

在推銷員向顧客推銷產品過程中，有時需要介紹的內容會很多，那麼就要先強調重點，根據對方的情況來裁剪你的談話內容，對方如果沒有時間，領悟能力強，就不要講得太多，對方如果非常感興趣，而且沒有時間限制，就不要講得太簡短，而要「不厭其煩」，短話長說，小題大做，甚至反覆講解。

在洽談過程中，推銷員通常要進行若干陳述，但是，不同階段的陳述應有不同的重點。要根據情況把重要的資訊分成幾次陳述，即使是那些顧客最感興趣的資訊，也不應全部安排在一次陳述中，這樣才能保證顧客正確理解陳述的內容。再次，要求推銷員語言語調要準確，抑揚頓挫要合理。總之，要確保陳述的內容被客戶正確地理解。

要把話說到點子上當然還需要推銷員在推銷過程中，集中注意力，抓住與推銷的商品有關的問題，而不是去討論枝節問題和一些不著邊際的問題，以免失去談主要問題的機會。同時避開不必要的煩惱，減少與客戶相左的想法及話語，找到共同點，探討雙方感興趣的事，最好是與產品有關的事，而將其他事暫時放一邊。

無論你是一對一的與人交談還是小組討論，最重要的是一開始就闡明你的意見，然後才作補充解釋。這樣做不但可以節省大家的時間，而且可免去聽眾猜測你究竟想要說什麼，或者一下子得出錯誤結論。有時你會發現，你準備做的解釋都不必要了，因為你的觀點無需解釋已經很清楚了。

在推銷員與顧客交談時，應緊扣有關推銷這個中心。隨便聊天家常，活躍一下氣氛是可以的，但不應扯得太遠，要注意適可而止，不要沒完沒了地講個不停，要掌握住一定火候，積極地匯入正題。

對於推銷員來說，更多的交談形式是一對一的，在這種情況下，「重複」是強調某個觀點或突出某個主題的極好方法。然而，許多人忽視了「重複」在一對一交談中的作用，但這確實可以成為一個有效的工具。當你不清楚別人是否聽明白你的話時，可以換個方法說，或把要點總結一下。這些都是確保對方聽懂的好方法。

除此之外，我們還要注意：在推銷過程中，要挑選對手最感興趣的主題，假如你要說有關改進推銷效率的問題或要把某項計畫介紹給某公司董事會，那你就要強調它所帶來的實際利益，你要勸說某項任務的執行者，就要著重講怎樣才能使他們的工作更為便利。必須懂得每個推銷對象的想法都一樣，他們總希望從談判桌上能得到什麼好處。

13 先予再取，互惠互利推銷法

面對面推銷要達成協議也很難，不如換種方式，先給別人一點「好處」，讓其受益。「予之」然後「取之」就可以容易多了。

某行銷公司的柳先生到一家商場去推銷一項計畫，一張口就吃了「閉門羹」。商場經理拒絕參加，使柳先生十分尷尬，但柳先生只是笑笑，說：「無妨，那我就當您的一個顧客吧。」於是經理不能不表示歡迎，看過商品之後，柳先生指著一種優質進口床墊問商場經理銷路如何，經理不由嘆道：「一般，顧客對一種新品牌總有個了解過程。」柳先生給他出了個「點子」：在樓梯口放個床墊，再在旁邊立一塊告示牌，上書：「踩斷一根簧，送您一張床。」經理將信將疑地照辦了。結果，顧客進店先蹦床成為該商場的一道風景，人們聞訊而至，爭相蹦踏，笑聲不息，接下來的經濟效益可想而知了。後來，商場經理專門宴請柳先生並主動表示願意加入那項行銷計畫。

小張被工廠「優化」下來後，就到南部某城市求職。他雖是做了十多年設計工作的，但卻什麼「綠卡」都沒有。他苦苦奔波於各個人才市場之間，但還是求職無門。怎樣才能「打進去」呢！他終於想出了一個辦法。當他深入多個家具市場進行觀察，有了新的發現後，就找到一家不太景氣的家具公司。「我們公司不徵人」，他剛開口，就被工作人員擋了回去。「你能聽我說完我的想法嗎？」於是他先簡短地說了自己想如何改變家具樣式，使之更適合現代人需求的想法，然後緊接著說：「百聽不如一試，你們先給我一個機會。讓我試做兩個月，如果我設計的家具不能開啟市場，不用你們說，我就自己走人。」工作人員被他新穎的想法吸引了，趕忙向經理打電話說明情況，結果小張順利「過關」了。後來他設計的新式家具在訂貨會上果真受到歡迎。小張終於找到了一份稱心如意的工作。小張先聲奪人地把自己的創見告訴別人，使他們知道了自己的才能，而對家具公司來說，小張的想法可是一筆「財富」，他們得到了實惠，自然要聘請小張的，這一招正迎合了人們向「好」的心理。我們求人大可不必讓別人「笑到最後」，剛開始，就讓對方嘗到甜頭，以後笑得會更燦爛。然而，礙於某種情面，當我們給予對方一定物質的實惠時，說得太過於直接就有傷大雅，有時會使對方感到尷尬，甚至因厭煩而回絕我們。所以，在提供「實惠」時也是要掌握一定技巧的。

黃某是一名經營科長，公司緊缺一部分原料，他又和供應此種原料工廠的一位工作人員有過一定交情，公司便派他去和那位業務員聯絡。因為此種原料在當時的市場上十分緊缺，考慮到有一點難度，公司便決定給予那位業務員相關報酬，黃某因此陷入了兩難境地，憑他和那位業務員的交情，開口提錢的事有點太俗套，不說，又真難為了那個業務員。正在為難時，他突然想到那個業務員母親的生日快到了，於是，黃某便想利用這次機會。在業務員母親大壽那天，黃某把他拉到一邊，說：「伯母大壽，我也沒什麼可送的，我代表我們公司為伯母送上一份薄禮，也是我們的一片心意吧！」那位業務員一聽是他們公司出的錢，心裡已明白了，便順水推舟地說：「老兄，你們公司真是重情義，兄弟我別的不說，原料方面的事別著急，我會盡我所能辦到！」就這樣，黃某既避免了使雙方尷尬，又順利地辦好了想辦的事。如果他生硬地把錢塞給那位業務員，直說求他辦的事，就會使人感到很「見外」，即使當時應承下來，也是很勉強的。所以，我們即使在給人實惠時，也要用好口才掌握分寸，使對方舒舒服服地接受。

14　借別人的口，說自己的話

某人為了推銷百葉窗簾，他知道某公司的經理與某局長是老相識，便打聽到經理的住處，提一袋水果前往拜訪，彼此寒暄後，他說出了幾句這樣的話：

「這次能找到您的住址，是得到了王局長的介紹，他還請我替他向您問好……」

「說實在的，第一次見面就使我十分高興……聽王局長說，你們的公司還沒有裝百葉窗簾……」

第二天，向該公司推銷百葉窗簾便成交了。此人高明之處是有意撇開自己，用「得到了王局長的介紹」這種「借人口中言，傳我心腹事」，借他人之力的迂迴攻擊法，令對方很快就接受了。

社會紛繁複雜，真真假假、虛虛實實，誰能時刻提那麼高的警惕去辨別真假。因此，很多人就可以鑽漏洞。

一天，一位辦理房地產轉讓的房產公司推銷員來到一位朋友家，帶著朋友的朋友的介紹信。彼此一番寒暄客套之後，就聽他講開了：

「此次幸會，是因為我的上司趙科長極為敬佩您，叮囑我若拜訪閣下時，務必請先生您在這本書上簽名……」邊說邊從公事包裡取出這位朋友最近出版的新著。於是這位朋友不由自主地信任起他來。在這裡，趙科長的仰慕和簽書的要求只不過是個藉口，目的是對這位朋友進行恭維，使他開懷。

此種情況，由不得人家不照他的話去做。這種推銷手段，確實難以招架。

素不相識，陌路相逢，如何讓所求之人了解你與他是朋友的朋友，親戚的親戚，顯然十分牽強，但一般人不會駁朋友的面子，不至於讓你吃閉門羹。這是一條推銷的捷徑。

與不相識的人打交道，透過第三者的言談，來傳達自己的心情和願望，在辦事過程中是常有的事。人們會不自覺地發揮這一技巧，比如：「我聽同事老張說，你是個熱心人，拜託你辦這件事肯定錯不了……」等等。但要當心，這種話不是說說而已的，也不能太離譜，有時有必要事先做些調查研究。

為了事先了解對方，可向他人打聽有關對方的情況。第三者提供的情況是很重要的，尤其是與對方的初次會面有重大意義時，更應該盡可能多方收集對方的資料。但是，對於第三者提供的情況，也不能全部相信，還要根據需要有所取捨，配合自己的臨場觀察、切身體驗靈活引用。同時，還必須確切弄清楚這個第三者與被託付者之間的關係。這一點非常重要，不然，說不定效果適得其反。

15 掌握訣竅，巧妙說話

推銷的過程就是一個運用推銷口才說服對方購買的過程，說話的技巧是不可或缺的。從開始打招呼到引出話題，進入正式談判，每一個環節都要注意語言技巧，話要說得得體、巧妙，才能贏得人心。

在整個推銷談話過程中，你必須注意以下幾個原則：

首先，要注意「說三分話，聽七分言」的原則。

很多人都意識到說話的時候，要注意聽別人怎樣說，聽明白別人的話，才能說出別人愛聽的話，才能會說話。說話的目的就是為了了解對方的心意，讓對方說，你就能抓住對方的心意，你的話只是一個引子，只要引出對方的內在需求，你就可以有針對性地說服對方。

其次，應該注意用「發問」的說話方法。

要了解對方的情況，讓對方多說而自己多聽，發問就自然是必不可少的條件。多用發問的說話方法，語氣就會顯得較委婉、易於接受，因而比較容易收到好的效果。

最後，需要注意說話的時間和方法以及它們之間的關係。

這個方面總共包括下列幾個要點：

- 談話應該避免用冷淡的話、沒感情的話、否定性的話、詆譭他人的壞話、太專業化的用語以及過於深奧讓人理解不透的話。

二、面對客戶，先聲奪人

- 每次商談的時間大致以 30 分鐘為準。
- 重視開始的時間，開始的一分鐘勝於以後的 30 分鐘。
- 重視剛開始的話，開始時的幾句話勝於以後的幾百句。給人深刻印象的往往是開門見山的前幾句。
- 說話的速度不可太快，必須讓對方能聽清楚，假如對方沒聽清你的話，縱然是「滔滔不絕」、「口若懸河」，又有什麼意義呢？
- 每句話之間應該空出適當的時間，以便語句分明。
- 說話的聲調應抑揚頓挫，要令聽者感覺順耳。說話聲調的抑揚頓挫會對說話的內容產生影響，從而影響聽者的感受，也就影響商談的效果。

三、妙語攻心，巧言交流

01 問明理由，探測購買動機

要使他人的思想變成行動，需要決心，更需要技巧。你必須知道在什麼地方能發現他人的動機。由於喜好不同，每一種思想都有其特別的時機。所有的人都是商品的需求者，有些人重視品質，有些人重視價錢，而大多數人則品質、價錢都重視。你的技巧就在於發現這些動機，以便加以利用。

如果知道了別人動機的來源，你就等於掌握了他的意志。你要訴諸的正是這種原動力，它們不會一直披著難以揭開的面紗，你要先猜想一個人的性格特徵，然後試探他的用意，可以借言語訴諸他的主要情感，藉著誘惑使它進入行動之中，他就一定會落入你的圈套。

許多人對於某件商品也許事先並沒想到要購買，但是一旦決定購買時，總是有一些理由支援他去做這件事。

這些購買的理由正是我們最關心的動機。例如湯姆最近換了一臺體積很小的小型車，省油、價格便宜、方便停車都是車子的優點，但真正的理由是湯姆路邊停車的技術太差，常常都因停車技術不好而發生尷尬的事情，這種小型車，車身較短，它能完全解決湯姆停車技術差的困擾，他就是因為這個動機才決定購買的。因此，你可從探討客戶購買產品的理由，找出客戶購買的動機，發現客戶最關心的利益點。充分了解一個人購買東西有哪些可能的理由，能幫助你提早找出客戶關心的利益點。

可從三個方面了解一般人購買商品的動機：

◆品牌滿足

整體形象最能滿足地位顯赫人士的特殊需求。比如，賓士汽車滿足了客戶追求地位的動機。針對這些人，在銷售時不妨從此處著手。探尋客戶最關心的問題是否在此。

◆服務

因服務好這個理由而吸引客戶絡繹不絕地進出的商店、餐廳、酒吧等比比皆是；售後服務更具有滿足客戶安全及安心的需求。服務也是找出客戶關心的問題之一。

◆價格

若是客戶對價格非常重視，就可向他推薦在價格上能滿足他的商品，否則只有找出更多的特殊利益以提升產品的價值，使他認為值得購買。

以上三個方面能幫助你及早探測出客戶的動機，只有客戶接受銷售的利益點，你與客戶的溝通才會有可能。

02 疑慮會成為拒絕的理由

「嫌貨才是買貨人。」顧客之所以提出異議，就說明他對你的產品有點興趣；顧客越有興趣，就會越認真地思考，也就會提出更多的意見。要是他對你的一個個建議無動於衷，沒有表示一絲一毫的異議，往往說明這位顧客沒有一點購買欲望。

通常，當人們變得吹毛求疵、狡猾又難對付，並且與你討價還價的時候，他們已經準備買你的東西了。也許這並不是放諸四海皆準的規律，但事實卻大多如此。

在你決定要購買之後，談判才真正開始。如果你要買的是一塊名貴的手錶或價值不菲的相機，第一次去商場看樣式的時候，你把目光投向琳瑯滿目的各式產品之上，欣賞的是它的外觀。但是，當你真正要從口袋裡掏錢的時候，就會注意到哪怕是最微小的劃痕或損傷。這是因為你現在已經決定要買了，而且你要求完美。所以，要留神那些你給他們看每一件東西他們都說喜歡的顧客；他們的誠意值得懷疑。

顧客在不想買你所售商品時，有時候會說出不想買的原因。這時候你可以對症下藥。

一對夫婦在購物中心看了「愛妻」牌瓦斯爐後問價錢，售貨員答道：「1,200 元。太太，您看看要哪一個？」

「這個爐面長度太短，電子開關只是唬人的玩意兒，恐怕用不了幾天就會失靈，那就危險了。再說噴火嘴也不理想，既然可以更換自如也就不牢固了。」那位先生指著瓦斯爐對太太滔滔不絕地說著。

面臨著顧客的這些疑慮，有理由排斥他們嗎？如果是我們自己面臨這樣的選擇，不也會發出同樣的疑慮嗎？而且正是因為他們提出了這麼多疑慮，才給予我們啟示，作為一位精明的生意人，應對顧客的疑慮作出必要的解釋，達到以理服人。

一般來說，顧客最常見的疑慮有：

1. 針對經營者本身的疑慮；
2. 針對公司、企業的疑慮；
3. 針對產品的疑慮；
4. 因個人的經濟狀況而產生的疑慮；
5. 針對服務品質的疑慮；
6. 針對商品價格的疑慮。

無論任何理由的疑慮，我們可用三個步驟與顧客討論：承認對方立場並與之同調；剖析顧客拒絕之理由；明確指出顧客心中的疑點，根據這些疑點 —— 表明我們的觀點，並誘導顧客與我們同調。

在消除顧客疑慮的同時，除了設身處地、坦誠相待的原則外，還要讓商品吸引對方，使對方有「口渴」之感。一位廚具商和一家承包經營飯店的經理做一筆價值 150 萬元的整套廚房裝置的生意。飯店經理以價格昂貴而猶豫不決。這位廚具商看出積存在經理心中的疑慮，向飯店經理建議道：「劉經理，恭喜你，您可真是獨具慧眼，在這旅遊勝地承包了這間飯店。作為旅遊觀光者，一般都喜歡優雅而整潔的環境，如果你最先徹底更新廚房裝置，我相信這間閃光的廚房，定能使您賓客如雲、生意興隆，到那時你還得要感謝我呀！」

「對，要想釣大魚，就得放長線。」劉經理心中的疑慮一消除，立即爽快地買進整套廚具。精明的廚具商也因此賺了許多錢。總之，許多疑慮都可以成為顧客拒絕的理由。當顧客有疑慮時，我們應力求在與顧客討論過程中消除對方的疑慮，把他們的購買欲望轉化為購買行動。

當然，消除疑慮的技巧和原則是很多的。關鍵在於因人而異，掌握說話的技巧。

有位鄉下婦人去商店買布料，售貨員小陳迎上去打招呼：「大姐，您買布嗎？您看這布多結實，顏色又好。」不料，那位婦人聽了並不高興，反而嘀咕起來：「要這麼結實的布有什麼用，穿不壞就該進火葬場了。」對婦人這番話，小陳不能隨聲附和，但不吭聲又等於預設了。略一思索，小陳便笑咪咪地說：「大姐，看您說到哪兒去了。您身體這麼好，再穿幾百件也沒問題。」一句話說得婦人心頭發熱，不但高高興興買了布，還直誇小陳嘴甜。

這位鄉下婦人一開始不想買的原因是自身存有自卑心理——擔心自己的身體狀況。售貨員小陳用「身體這麼好」

這句讚美之語，去掉了婦人的自卑心；用「再穿幾百件」這句幽默之語，引得婦人心裡高興，並且話說到點上，簡單的隻言片語便使得這位婦人心情愉快地購買了布料。

03 反客為主，說對自己不利的話

任何商品都存在一些缺陷，這些缺陷對你的推銷存在著諸多不利的因素，多數時候，它是你推銷失敗的罪魁禍首。其實，當你在推銷一件商品的時候，如果能很好地利用這些不利因素，你就能把失敗扭轉為成功。

當然，產品的優點越多越好，但世界上沒有一樣十全十美的產品，真正影響客戶購買與否的關鍵點其實不多。當客戶提出的拒絕有事實依據時，你應該承認並欣然接受，極力否認事實是不智的舉動。

顧客不想購買你的商品，有時候是因為你所售的商品有點瑕疵。對於此種情況，與其遮遮掩掩，不如大膽指出。銷售商品時，你說出對你自己不利的話語，顧客會在意外之餘，油然產生一種信任感。因此，顧客會變「不買」（因為商品有瑕疵）為「想買」（因為你坦誠）。王小姐去市場購買衣服，她找到了一件款式、顏色都稱心的裙子，可惜這件裙子上有一處小毛病。文靜的王小姐發現後，並沒有告訴售貨員，而是想到別處看一看。這時候，售貨員說話了：「歡迎您來到我們店，可惜這種式樣的衣服就剩一件啦，並且這一件還有點小毛病，我如果長得像您這樣標緻，我也不買。」王小姐聽後心想：這位售貨員大姐可真夠坦誠，從她這裡購買衣服肯定不會上當受騙。她轉身又看了看那裙子，覺得雖然有點小毛病，但是並不顯眼，算不上什麼問題。於是，王小姐心情順暢地購買了這套衣服。銷售衣服，只向顧客講解衣服的優點，避免提到衣服的缺點，這本是常理中的事。但該售貨員並沒有講一句該裙子如何如何好，也沒有去勸王小姐買，而是反其道行之，直率道地出了該裙子的瑕疵。這種違背人們習慣推理的做法，使得王小姐打消了不買的疑慮，欣然地購買了服裝。

人無完人，金無足赤，不論什麼樣的商品都會有優點和缺點。有的推銷員對自己的商品誇誇其談，大為渲染；有的推銷員把別的同類商品進行比較，攻其一點，不及其餘，也有的推銷員故意暴露自己商品的某些缺點，把顧客的眼睛引向這些微不足道的方面，而忽視了其他方面的缺點。這種主動暴露缺點的推銷技術，常常會獲得成功。

04 語言感人，讓顧客欠你的情

顧客在你商店挑選了半天，沒有購買一件商品。這時候，你可能會生氣。假若你不把這種心情表現出來，並且對此時不想購買的顧客更加熱情，說不定，為你感動的顧客會回過頭來，心甘情願地買走你所售的商品。一次，一個旅遊團不經意地走進了一家糖果店。他們在參觀一番後，並沒有購買糖果的打算。到了臨走的時候，店員將一盤精美的糖果捧到了他們面前，並且柔聲慢語：「這是我們店剛進的新品種，清香可口，甜而不膩，請您隨便品嘗，千萬不要客氣。」如此盛情難卻，恭敬不如從命。旅遊團成員覺得既然免費嘗到了甜頭，不買點什麼，確實有點過意不去。於是每人買了一大包。在店員「歡迎再來」的送別聲中離去。此事例中，糖果店沒有對旅遊團的「不買」持責怨態度，相反，卻是更加熱情。這種居家待客式的真誠招待，使顧客不知不覺進入了糖果店營造的一種雙方好似親友的氛圍之中。「人敬我一尺，我敬人一丈。」既然領了店家的「情」，又豈能空手而歸呢？

有銷售鬼才之稱的田中道信認為：同一個客戶，人家跑三趟，你就要跑五趟，寧願白跑，空跑。不跑是做不好銷售的，吃了幾回閉門羹就灰心喪氣得不行，如果你有時間為吃閉門羹而垂頭喪氣，倒不如把這段時間花在動腦筋上。田中道信帶著許多名片往外跑銷售，遇到吃閉門羹時，他就會留下一張寫有「我來拜訪過，不巧您不在辦公室，失禮了」這樣一句話的名片，往往會收到比面談更好的效果。這樣反覆幾次後，客戶往往會主動地對他說：「麻煩您跑了那麼多趟，實在對不起。」於是田中進攻的機會就來了。

田中道信說：「智力的高低和實力的強弱固然是衡量人的尺度，但好的主意，只有在你十分投入你所喜歡的工作時才會產生。」

《銷售鬼才 —— 田中道信》一書中講述了這樣一個關於田中道信的故事：1963 年 1 月，理光公司派田中道信到韓國去，在那之前，理光在韓國的代理店一年也就賣出去一兩臺理光影印機。田中道信到達韓國之後，韓國的新都理光公司的總經理禹相琦對他說：「時代發展不同，理光影印機在這裡沒有銷路。」田中道信生氣了：「別這麼說，那是因為你壓根就沒打算好好賣。有這麼多的大小公司和家庭，一年怎麼說也該賣出去 100 臺。還沒賣就退縮，能有成果嗎？」於是田中道信花了一段時間，相繼走訪了政府行政委員會和第一毛織公司、韓一銀行等大企業。無論走到哪裡，田中都口不離演講，廣邀聽客。

於是有一天，韓國《東亞時報》刊出了一篇以「日本的辦公自動化與韓國的現狀」為題的文章，文章提請讀者注意，在辦公自動化方面，韓國是何等落後。田中道信隨後召開了一個演講會，對聽眾分文不取，包括場租費在內的所有費用，均由自己負擔。整個演講持續了 2 ～ 3 個小時，將要結束時他說：「總而言之，解決上述問題，使用這些機器是最合適的。」同時，將身後陳列的理光影印機指給聽眾看。這一系列活動使田中道信成功地賣掉了 50 臺影印機。當時，理光影印機的月產量500臺，各分公司每月的銷售量至多20臺左右。相比之下，田中道信單槍匹馬銷售掉50臺，取得了了不起的成就。為什麼田中道信去韓國以前那裡的銷售量上不去呢？就是因為禹相琦從根本上態度是消極的。田中道信認為，「如果一開始就態度消極，那麼暢銷的產品也會變為滯銷的，在你對一件工作灰心之前，應首先確認自己的態度是否是積極的。」

05 設定懸念，吊起顧客胃口

假如我告訴你有一種東西能增加你的收入，你可能會無動於衷。但如果我說：「你猜猜我口袋裡裝的是什麼？」你一定會充滿好奇，並想看個究竟。

誠然，推銷員不會在顧客辦公室說這樣的問題，我是說你要利用產品特點給客戶製造一個懸念，吊起他的胃口。但要千萬記住，你所問的問題一定要是做肯定回答的，否則，你就「死」定了。

顧客看完你的商品後，並不想去購買。這個時候，你直接向其講述該商品和其他商店所售商品相比，品質如何如何好，價格如何如何低，顧客是聽不進去的。如果有一種法子，能夠使顧客抱著一種好奇心，停下來，聽聽你的講解，則就能夠使你所售商品賣出。這種法子就是設定疑問法。一次貿易洽談會上，賣方對一個正在觀看公司產品說明的買方說：「你想買什麼？」買方說：「這裡沒什麼可以買的。」賣方說：「是呀，別人也說過這話。」當買方正為此得意時，賣方微笑著又說：「可是，他們後來都改變了看法。」「噢，為什麼？」買方問。於是，賣方開始了正式推銷，該公司的產品得以賣出。該事例中，賣方在買方不想買的時候，沒有直接向其敘說該產品的情況，而是設定了一個疑問——「別人也說過沒有什麼可買的，但後來都改變了看法。」——從而引發了買方的好奇心。於是，賣方有了一個良好機會，向其推銷該產品。

推銷員如果一開始就說「你要不要買這種商品？」就會產生不好的效果，不能馬上形成交易。而應該先談些商品銷售外的話題，大家共同感興趣的話題，談得投機了再進入正題，這樣對方就很容易接受了。用引導的方式，讓客戶由此及彼地按照你所指引的方向，認同你的觀點。例如在推銷某種化妝品時，直接談功能恐怕效果不好，我們可以先從低品質的化妝品對皮膚的傷害談起，談談皮膚保護的重要性，引導客戶明白此種化妝品與其他化妝品不一樣，可以保護皮膚，進而引導客戶購買這種產品和使用這種產品。客戶根本沒有說「不」的機會。

為了能讓顧客對商品產生興趣，在你的商品說明中，可適當地加以保留，讓顧客自己去想像，去探索。這種「朦朧」的介紹說明方法可以激發顧客對商品的好奇心，讓其覺得要弄個清楚才行，這樣，他就對商品產生了濃厚的興趣，並有意要去探究它。

比如說你想出售一棟房屋時，你必須介紹它的一些特性，是座落交通便利城鎮，或是不便的郊區，是靠近街道還是深居山林之中，周圍是否有足夠的空餘地方，房屋的建築樣式如何。當你把這些介紹給顧客時，顧客的腦海中就會出現一個大致的輪廓，對你的房屋產生了興趣。於是，他就開始衡量著這棟房屋與自己的需求之間的關係，並開始構思自己的未來與夢想，擬定出一個如何最有效地利用這棟房屋，把自己的家裝扮得更富有情韻、更符合自己的要求。如果房屋地理位置好，比如靠大街上，有些人就會考慮它的額外資產價值。

如果你所設定的舞臺能讓顧客充分自如地發揮他的想像，憧憬他擁有這種商品後的美好情景或給他帶來的種種便利，那麼，你此時再對他進行詳細的商品說明，他便會以愉快的心情接受你的說明。毛姆（William Maugham）是英國著名的小說家。可是誰又能想到，在他出名前，他也曾經當過一次「推銷員」，推銷的是他的小說，他的點子非常奇特，讓他的小說名噪一時。

在毛姆還是個無名小卒時，他的小說銷量很不樂觀，就在他窮得快走投無路的時候，他靈光一現，想到一個絕妙的點子。

他用身上僅剩下的錢在一家銷量非常大的報紙上登了一則這樣的啟事：本人身價百萬，年輕有為，喜好音樂和運動。現欲尋覓和毛姆小說中主角完全一樣的女性為終身伴侶。

廣告一登出，凡是看到這則廣告的女性，都對毛姆小說中的女主角感到好奇。就連男性也想了解到底是什麼樣的女子能讓一個百萬富翁如此著迷。結果，書店裡毛姆的小說一售而空，大有洛陽紙貴的架勢。當然，聰明的毛姆從此也就名聲大噪。另外，在對顧客作商品說明時，還需注意顧客的參與意識，讓顧客能在你設定的舞臺上盡情發揮自己的想像力，扮演他想像中的角色，這樣，他的思路就隨著開闊了，同時也勾起了他的購買欲望，並使之越來越強烈。比如說當你推銷汽車時，讓他自己試著開開，這樣，他就對你的車有個較為清晰的了解，而不只是停留在你的介紹說明上，同時也是讓他自己進入角色。還有當你推銷各類樂器時，也要盡量讓顧客自己試試，如此這般，你的交易就好做多了。

06 把買和不買的利弊說清楚

日本一家汽車公司有位奧城良治先生，據說他為了要賣出一輛汽車，曾詳細準備了一份資料，這份資料共記錄有購買此種汽車後的優點及缺點整整 100 條。如此有心計的努力，取得的優異成績是可想而知的。事實上，奧城良治先生

16 年裡一直是日產汽車公司的銷售冠軍。

胸中擁有這樣一份數據，奧城良治先生在和顧客打交道時就顯得有備無患。當對方無意購買或者還在猶豫不決時，他就這樣對他們說：

——「您的孩子時時在以羨慕的眼光注視著鄰居家的新車，您難道希望這種情形繼續下去嗎？」

——「如果不能全家人一起開新車出去兜風，作為一家之主，難道您真的認為無所謂嗎？」

——「在這種地方若沒有車子，平常購物也是很不方便的，這樣怎麼可能呢？」

在接連幾番這樣的攻勢下，對方心裡可能逐漸不安起來，簡直招架不住了，覺得沒有理由不買這種車。然後，作為與上述沒有車子帶來的不便的對比，他又這樣逐一說出購買這種車子的好處：

——「這樣，您可以看到您的孩子們眼睛發亮的表情；也許，眼睛裡含著羨慕的該是鄰居的孩子了。」

——「從下個時期開始，也許就在這個月末，您全家就可以享受開新車兜風的樂趣了，該多開心！」

——「有了這部新車，就可以挺方便地開車到 ×× 超級市場去買東西了，那裡的商品種類齊全而且新鮮別緻，價錢又比別的地方便宜。這樣，每個月又可以為您的家庭節省不小的一筆開支。」這樣頻頻引導，顧客自然會被逐漸打動吸引，直到心甘情願地購買車子，推銷的目的順利達到。

以上優缺點的列舉，口頭說出當然是可以的，不過如果能逐條寫出給顧客看，則會更清楚明白，更具有條理性，說服力自然也更強些。富蘭克林在給英國化學家約瑟夫·普里斯特里（Joseph Priestley）的信中談到他做決定的方式。

「我做決定的方式是把一張紙分成兩半，一半是贊成，一半是反對。然後在思考的三四天中，我在不同的標題下簡要寫下不同時刻我心裡產生的支援或反對意見，並把它們形成為一種觀點。我努力去估量他們各自的分量，如果我發現有兩種觀點的分量似乎一樣，我就把它們都劃掉。如果我發現支援的一種理由與反對的兩種理由差不多相當，我就劃掉它們三個。如果我判斷反對的兩個理由與支援的三個理由差不多，我就劃掉它們五個。依次進行，最終發現平衡點到底在哪裡。如果再經過一兩天進一步的思考，兩邊都沒有什麼重要的事情發生，結果我就做出了決定。」人們下不了決心的時候，富蘭克林的方法給了我們一些信心。運用這種技巧做買賣的時候，你要有一個必要的開場白。除非你運用這個開場白，否則富蘭克林的方法就不會起作用。所以，在此之前你要說：「先生，您不好做決定，對此我一點都不奇怪，因為很多聰明人都這樣。比如，我們偉大的政治家富蘭克林就難於做出自己的決定。我跟你講講他的故事，看看是不是個好方法，你可以參考一下。他做不了決定的時候就拿出一張紙，在中間劃一條線，左邊寫出支援計畫的理由，右邊寫出反對計畫的理由，如果支援的理由超過反對的理由，他就決定執行。先生，這是不是對你很有啟發？」

在你分析理由之前你要讓買主先認可這種方法，這是很重要的。要不然，你就把整個練習做一遍，他也會答應考慮考慮。「先生們，女士們，剛才你們已經知道了這輛車的缺點，說來說去就那麼幾條。我們再看看這車的優點，第一……第二……你們自己做決定吧。」讓他意識到這是一種好方法以後，開始列舉支援投資的計畫。在清單中提供你所能給予的一切幫助。「你不喜歡這個嗎？你不喜歡那個嗎？」如果能夠的話，幫他填完左邊一欄。然而你再也想不出什麼支援的理由，並開始列舉反對理由的時候，讓他自己列。這樣的話，你列出的肯定的理由將超過否定的理由，結果你就會得到買主的同意。

每件事情都有兩面。每一次的交易都會有滿足和不滿足的因素在內，雙方總會產生一些需要克服的反對意見。交易能否成功，可能就在於你如何去面對並且削弱異議了。

買主和賣主可以採取同樣的方法來處理異議。就賣主而言，常常因為怕觸怒買主，所以問題比較棘手，而買主的問題就簡單多了。

以下的九個步驟，是削弱異議法的要求，掌握了它你明天的生意就會更加興盛：

1. 在和顧客談判之前，先寫下自己產品和其他競爭品的優點和缺點。
2. 記下一切你所能想到的，可能被買主挑剔的產品缺點或服務不周之處。
3. 讓公司的人盡量提出異議。同時讓他們在顧客尚未提意見前，練習回答這些異議。
4. 當顧客提出某些反對意見時，要在回答之前，了解問題的癥結點。
5. 等你了解問題的癥結點後，便得權衡一下，看看是否容易應付，以便利用現有的證據來加以反駁。
6. 利用反問來回答對方，誘導他回答「是」。比如，你可以詢問對方：「你是不是正在為昂貴維護費煩惱著？」對方的回答很可能是肯定的。這時，你就可以趁機向他介紹「凱迪拉克」牌轎車的優點了。
7. 不要同意顧客的反對意見，這樣會加強他的立場。
8. 假如顧客所提出的反對意見是容易應付的，你可以立刻說明，同時要求對方同意。例如汽車推銷員可以如此地說：「你可能認為凡是昂貴的汽車維護費都很高；這個牌子卻不是如你所想像的。你知道不知道和各種牌子的耗油量相比，凱迪拉克牌只用了一加侖油就跑了十五公里。」

9. 假如顧客提出的異議非常棘手，那麼就要以可能的語氣來回答，然後再指出一些對顧客有利的優點。例如，如果顧客認為凱迪拉克的售價太高，汽車推銷員可以說：「那麼你中意這輛車子了，只不過是價錢困擾著你。你再也不可能找到效能如此良好的車子了，它的馬力很大而且絕對地安穩，即使再轉賣價值仍是很高。每個人都可以擁有一輛車子，但並不是每個人都擁有這麼一輛高階的車子。許多大人物之所以喜歡凱迪拉克代步是有原因的。他們曉得真正的好東西。」

利弊分析還可以挽救瀕於絕境的生意。某公司原本考慮向一家汽車製造廠購買一輛 4 噸車，後來為了節省開支，又打消了主意，準備購買另一家的 2 噸小卡車。汽車製造廠得知這一訊息後，立即派出有經驗的業務。這位業務憑他那三寸不爛之舌，替他們精打細算，果然馬到成功。談話是這樣開始的：業務：「您需要運輸的貨物平均重量是多少？」主管：「大概兩噸左右。」業務：「有時多，有時少，對嗎？」主管：「對！」業務：「究竟需要哪種型號的卡車，一方面要根據貨物的數量，另一方面也要看在什麼公路上行駛，您說對嗎？」主管：「對。不過……」業務：「據我所知，您公司在冬天出車比夏天多，您公司的卡車一般情況下運載貨物為兩噸，有時超過兩噸，冬天在丘陵地區行駛，汽車就會處於超負荷的狀態。」主管：「是的，情況確實是這樣。」業務：「所以，在您決定購買汽車時，是否應該留有一定的餘地？讓我們來比較一下，一輛馬力相當大，從不超載，另一輛總是滿負荷甚至經常超負荷，您認為哪種卡車的壽命會長呢？」主管自己動手進行了試算，得知如果多花25,000元，就可以買到一輛多使用3年的汽車。業務：「一部車每年可營利多少？」主管：「少說也有二三十萬吧！」業務：「多花25,000元，三年營利50萬元，這難道不值得嗎？」最後，這個公司恢復了原來的購買計畫。總之，利弊分析運用得好是很有成效的。它有動人心弦的力量，容易解除顧客心理上的購買障礙。

07 價格分解，幫顧客算清帳

無論什麼東西，只要你在市場上出售，也無論你的產品定價是多少，總會有人說價格太高。「太貴了！」這恐怕是任何一個推銷員都曾遇到過的最常見的異議。顧客還可能會說「我可以以更便宜的價格在其他地方買到這種產品」、「我還是等價格下跌時再買這種產品吧」、「我還是想買便宜點的」等等。

對於這類反對意見，如果你不想降低價格的話，你就必須向對方證明，你的產品的價格是合理的，是產品價值的正確反映，使對方覺得你的產品值那個價格。一天，兩個同事去書店閒逛。這家書店門面不大，櫃檯排列成門形，四周牆上掛滿了各種掛曆。時值午餐時間，店內沒什麼人，只有一位中年男子在值班。

他們兩人進了店門，先瀏覽起了掛曆，最後在一副中國古代名畫掛曆前停了下來，畫面風格全然不同於其他掛曆，一種古樸的藝術魅力把他們吸引住了。

那位售貨員看見他們停在這副掛曆前指指點點，不等他們開口，馬上從貨架上取來一本，攤開放在櫃檯上，任他們翻看，同時微笑著說：「兩位真有眼光，識貨！」聽了這暗含著恭維的話，他們也頗為得意，仔細欣賞了一番後，一看價錢：「好傢伙，五塊四！」要知道，這個價錢在當時能買8斤豬肉，相當於他們月薪的十分之一。

他們幾乎異口同聲地說：「太貴了！」「貴？十二幅名畫，五元四角，一幅才多少錢？」中年男店員說，又指著掛曆的一頁感嘆：「真是好東西呀！」這頁掛曆的圖為唐伯虎所作，詩、書、畫三者俱佳，確實不錯，在買與不買猶豫不決時，中年店員的一句話使他們拿定了主意：「十二幅名畫，一幅才多少錢呀！」是呀，一幅才四角多錢。確實不貴。這種價錢分解術在節骨眼上恰當地運用，終於促成了這筆買賣。

把費用分解、縮小，以每周、每天，甚至每小時計算也是一種化解價格異議的技巧。

「這件500美元的大衣，雖然比那件藍色的貴一倍，但您很喜歡它，不是嗎？這種大衣穿上十年，它的風格款式依然精美雅緻。相反，要是那件藍色大衣的話，您很快就會厭倦穿它的。500 元的東西能用上十年。這絕對划算。」有些顧客認為自己資金不足，沒錢進貨或者買貨，而有些顧客在價錢上還有另一種想法，他們認為商品的價錢太高。那麼，處於這種情況下的商務人員該怎麼辦呢？可以說，真正能打動顧客的只是顧客自身的收益或利潤。因此，能真正說服顧客的只是顧客自己，商務人員只是造成激發顧客購買欲的作用而已。因此，商務人員必須扳動手指頭給他們算筆實實在在的帳來打動他們，你可以這樣說：「您說價錢高，確實有道理。對您來說，讓您立即拿出 3,000 塊錢，可不是一個小數目。不過不知您想過沒有，您買電視是屬於耐用消費品，一般品質的電視還能用個十年八年的。而我們這種型號的電視，採用進口主要部件，品質優良，連續兩年獲國家認證，品質和使用壽命就不用提了。就算只使用十年，一年也就投資 500 塊，一個月也就 40、50 塊吧，算成一天呢？僅僅 1.5 塊錢！現在 1.5 塊錢能做什麼？想想看，每天空閒時間花上 1.5 塊就能快快樂樂，何樂而不為呢！」這是對待普通消費者來說的，要是顧客是銷售終端的老闆，就可以給他算算他能獲得的利潤：「老闆，您看，我批給您的東西可是大有賺頭啊！就算一天只賣一臺，賣上半個月您就把這批貨的本錢賺回來了，剩下的都是您淨賺的錢！您說划算不划算？」

如果顧客的獲利少是指利潤少的話，商務人員可採用如下的方式說服顧客：「賣這種東西雖說獲利小，利潤不大，不過一次性打火機屬於日用消費品，家家戶戶每天都用得到，可以薄利多銷，積少成多，又可以為附近居民解決生活問題，樹立貴店形象；而高階打火機雖獲利多，但購買的人實在是少之又少，現在的行情老闆不會一點不知道吧，高階打火機是滯銷貨，很多賣高階打火機的不但一分沒賺，還賠了本！」推銷人員如果用以上的說服策略，比較一下兩者的利益和市場情況，客戶就會對產品感興趣，變得躍躍欲試起來。一位英國皮鞋廠的推銷員幾次拜訪倫敦一家皮鞋店的老闆，都遭到了對方的拒絕。後來他又來到這家鞋店，口袋裡帶著一份報紙，刊登著一則關於變更鞋業稅收管理辦法的訊息，他認為店家可以利用這一訊息節省許多費用。於是，他大聲對鞋店的售貨員說：「請轉告您的老闆，我有個好方法讓他本利雙收發大財。」銷售人員向老闆提賺錢發財的建議，哪家老闆會不心動呢？以上例子可以看出，當顧客抱怨我們價格太高時，我們要千方百計地向他證明，我們的價格是合理的。一般來說，可從下面幾個方面精打細算：

◆價格比較

把一種價格高的產品與另一種價格更高的產品相比較，它的價格就會顯得低一點。

◆不怕不識貨，就怕貨比貨

如果顧客覺得我們的商品價格高、難以接受，我們就把自己的商品與另一種價低質劣的同類產品進行比較，使顧客明白：一分錢一分貨，好貨不便宜，便宜沒好貨。

有位經營液壓千斤頂買賣的商人，在價格上遭到顧客的強烈反對。這位商人當場用一支普通的千斤頂（價格便宜許多）與一支新式的液壓千斤頂去分別頂兩輛汽車，經過一番比較，顧客對價格的反對意見頓時煙消雲散。

◆列舉優點來沖淡價格因素的影響

當顧客在價格上持有異議的時候，我們應該向顧客強調所有能夠抵消價格的因素，這是一種好辦法，也是切實可行的辦法。如逐一反覆說明我們商品在效能、外觀、包裝、售後服務、支付方式等方面的優點，就是抵消價格因素所帶來的心理影響的一個可行的方法。

◆化大的差別為小的差別

如果兩種同類產品價格上存在一定差別，除了用貨比貨的方法來沖淡價格因素外，還可以採用「化大為小」、「化整為零」的方法進行比較，目的在於縮小它們之間的差別。

「印一萬冊書的差價是 500 元，每一冊才多收您 5 分錢，這算什麼，連一支香菸都買不到。您再看看我們用的紙張，印刷效果，完全符合您的要求。更重要的是，我們將準時交貨。」這席話使得一個印刷廠很快得到一筆生意。

08 區別顧客的「想要」與「需要」

區別「想要」與「需要」。例如，打算把功能簡單但還可以使用的舊電話換成有許多自動功能的新電話；或者，當電腦硬碟遭到不可恢復的破壞時，需要盡可能快地替換新硬碟以便能正常工作。在這裡，一部新電話是你「想要」的，而你真正「需要」的是電腦硬碟。理解這個細微的差別至關重要，可以區別客戶的「想要」和「需要」。1908 年 4 月，國際函授學校丹佛分校經銷商的辦公室裡，卡內基正在應徵銷售員工作。從外表看，這位身材瘦弱，臉色蒼白的年輕人，顯示不出特別的銷售魅力。

「做過推銷嗎？」

「沒有！」卡內基答道。

「推銷員的目的是什麼？」

「讓消費者了解產品，從而心甘情願地購買。」卡內基不假思索地答道。

艾蘭奇先生點點頭，出奇不意地問道：「你有什麼辦法把打字機推銷給農場主人？」

卡內基稍稍思索一番，不疾不徐地回答：「抱歉，先生，我沒辦法把這種產品推銷給農場主人，因為他們根本就不需要。」

艾蘭奇高興得從椅子上站起來，拍拍卡內基的肩膀，興奮地說：「年輕人，很好，你通過了，我想你會出類拔萃！」

艾蘭奇心中已認定卡內基將是一個出色的推銷員，因為測試的最後一個問題，只有卡內基的答案令他滿意，以前的應徵者總是胡亂編造一些辦法，但實際上絕對行不通，因為誰願意買自己根本不需要的東西呢？客戶需求的基本結構大致有以下幾個方面：

◆品質需求

包括效能、使用壽命、可靠性、安全性、經濟性和外觀等。

◆功能需求

包括主導功能、輔助功能和相容功能等。

◆外延需求

包括服務需求和心理及文化需求等。

◆價格需求

包括價位、CP 值、價格彈性等。

銷售人員在提供產品或服務時，均應考慮客戶的這四種基本需求。不同的消費族群對這些需求有不同的需求強度，在消費後又存在一個滿意水準的高低。收入豐厚的人們，喜歡名牌，對品質和功能需求的強度要求就高，對價格需求不強烈。低收入的勞工，通常追求物美價廉以實惠為原則，因此對價格和服務的需求強度要求高。應該根據不同的客戶需求，確定主要的需求結構，以滿足不同層次客戶的要求，使客戶滿意。

每位客戶都有不同的購買動機，真正影響客戶購買決定的因素，絕對不是因為商品優點和特性加起來最多而購買。商品有再多的特性與優點，若不能讓客戶知道或客戶不認為會使用到，再好的特性及優點，對客戶而言，都不能稱為利益。

若能發掘客戶的特殊需求，而能找出產品的特性及優點，滿足客戶的特殊需求，這個特點就有無窮的價值，這也是銷售人員們需要發現的價值，否則根本不需要有銷售人員。所以說，銷售人員對客戶最大的貢獻，就是能夠滿足客戶的特殊需求或幫助客戶購得最大的滿足。銷售人員帶給客戶的特殊利益越多，客戶越能得到最大的滿足。

站在對方的立場上來思考，設身處地，投其所好，發現對方的興趣、要求，而後再進行引導，曉之以理，動之以情，使之與我們的想法同調，最後使之接受。

09 迂迴推銷，顧左右而言他

在商談中，正確的答覆未必是最好的答覆。應答的藝術在於什麼應該說，什麼不應該說。

對有些問題不值得答覆，可以表示無可奉告，或置之不理，或轉移話題；對有些問題，回答整個問題，倒不如只回答問題的一部分有利，對有些問題不能作正面回答，可以採取答非所問的迴避方法。

商談中，對對方提出的問題佯裝沒有聽見，當然也不作回答了。

商談中這種「裝聾作啞」的基本方法是：顧左右而言他。即對對方提出的問題不作正面回答，故意躲躲閃閃，答非所問。以此來爭取時間，調整自己的思路；或以此來迴避自己難於答覆的問題。

「顧左右而言他」，是大家都熟悉的成語。在商業性洽談中，特別是在開談之前如能巧妙運用，使你獲得成功的一種重要手段。

請看下面的對話：

「歡迎你，見到你真高興！」

「我也十分高興能來這裡 —— 近來買賣如何？」

「這筆買賣對你我都至關重要。但首先請允許我對你的平安抵達表示祝賀。旅途愉快嗎？」

「非常愉快 —— 交貨還有什麼困難嗎？」

「這個問題也是我們這次要討論的 —— 途中飲食怎麼樣？來點咖啡好嗎？」

這種「只顧左右」力避鋒芒的口才技巧，可以消除那些對以後的合作可能有破壞作用的互相敵視和防範的情緒，在誠摯和輕鬆的交談中，建立起一種具有合作前景的洽談氣氛。

這是一個推銷員的經驗 —— 無論什麼時候客戶表示不喜歡，他都不去爭辯對錯，或者想辦法打消這種想法。他這樣說：「但這不妨礙您今天買車是嗎？」一開始的時候，他覺得這麼說有點蠢，因為他覺得客戶會笑話他。然而，很多次買主不再拒絕。

他們說：「你們只有紅色的汽車嗎？我們想要綠的。」

他回答：「但這不妨礙您今天買車是嗎？」

他們說：「不，我猜不會。」

聽起來有些奇怪，不是嗎？但是如果你試試看，我相信你會責怪自己，因為你發現這麼多年讓你惱火的否定意見其實根本用不著去理會。

你的買主說：「你的競爭者願意以比你少一元的價格賣給我。」

你說：「但那也不妨礙你買我們的產品，不是嗎？」

他也許說：「我猜不會，如果你們的服務像你們保證的那麼好。」

推銷高手的標誌是他知道沒有必要回答客戶的每一個不同意見。否則，你會感覺自己置身於一個射擊場，一個目標打倒了，又一個目標豎起來。

但是使用這種方法，不可濫用，而應該用得恰如其分，適可而止。

10 利用「怕買不到」的心理

心理研究顯示，只有兩種基本心態可促使人行動，一是渴望得到，二是害怕失去。

人們對越是得不到、買不到的東西，越想得到它、買到它。推銷員可利用這種「怕買不到」的心理，來促成訂單。比如，推銷員可對顧客說：「這種產品只剩最後一個了，短期內不再進貨，你不買就沒有了。」或者，「今天是優惠價的截止日，請把握良機，明天你就買不到這種折扣價了。」

從心理學的角度講，人們普遍對得不到的東西覺得稀罕，所謂「物以稀為貴」。當人一旦覺得可能會失去某種東西時，這種本來在他看來並不重要的東西就變得很有價值。

人們總是有一種怕吃虧的心理，所以有時即使是不十分需要，也可能接受最後的期限而訂貨，或接受對方的某種條件。

經驗告訴我們，有時對方的時間限制是真還是假，是很難猜想出的，如果拒絕對方的時間的限制可能會造成什麼樣的損失。

所以，時間限制對談判者是一種很大的威脅。

時間限制是雙方都可以使用的武器。如果是對方向你設定期限，你應對此做一番分析，以識破對方的策略。

應該明白：大多數的期限並不是真正的期限。這就像舞臺上的演員唱完「最後」一首歌後，只要下面熱情的觀眾多喊幾聲「再來一首」，或用力鼓掌，演員又會欣然上臺演唱一樣。當然，如果觀眾不挽留，有心再唱的演員也只好悻悻地離去。

顯然，談判中大多數的期限都是有商量的餘地的，都不過是一種手段而已。

要認真研究對方設定期限的動機，並且仔細比較一旦達成協議雙方的得失。由此來推測對方所設的期限只是一種壓力，還是真的不想談下去了。

11 讓他們單獨待一會兒想想

如果你介紹完商品之後讓客戶們單獨待一會兒的話，你成交的可能就增加。如果你一直跟他們在一起，你就有可能失去這筆買賣。你知道，無論客戶們怎樣彼此了解，他們也看不出對方想什麼。他們沒有把握對方是否想買。讓他們單獨待一會兒，給他們商量的機會：「親愛的，你覺得怎麼樣？」

這不僅適用於丈夫和妻子。你也可能向公司的總經理和副總經理推銷。總經理可能急著買下來，可是他想知道副總經理是否同意，是否會積極支援。或者副總經理急於成交，而不知道總經理會不會阻止他。給他們一些單獨相處的時間解決這些問題，買賣就容易做成了。

一旦你懂得了讓他們單獨待一會兒的技巧，成交過程中的很多問題就迎刃而解了。買賣越大，該方法越重要。例如，買房子就是一個大的決定，這種方法是必不可少的。

不要讓你的買主請求你給他們一些時間商量商量，你應自覺地給他們留出時間。要確保是在你商談的屋子裡或汽車上，不要在他們的汽車附近，那樣他們很容易走掉。你沒必要說：「我給你點時間考慮考慮。」只需找個藉口讓他們單獨待一會兒，比如去取咖啡或找一張紙。

四、善對爭議，智語服人

01 對待忙碌或性急的顧客

對於很忙碌的顧客，或看起來很忙的顧客，洽談時除了寒暄一番外，就該立刻談到正題。話雖是這麼說，但是真正忙碌和看起來忙碌的人，在實質意義上是不同的，所以講話的方式也要因人而異。這時，你必須先設法探聽出他喜歡什麼，願意聽什麼等等，在談到正題之前，先跟他聊聊天。如果看苗頭不對，就不應該立刻談到正題，如此先談結論，再談理由，也可以給忙碌的顧客一個好印象。

上述的洽談方式，只適合於老顧客。至於初次上門推銷，就必須順著顧客心理的變化，改變自己談話的技巧、內容和時間，否則便不易達成推銷的任務。

「我只花你五分鐘的時間。」

當你談到五分鐘時，再看看顧客的表情，如果顧客面露喜歡聽下去的模樣時，你再說：

「我再談幾分鐘就好。」

然後當你談到幾分鐘後，可以反問顧客：

「您還有什麼不清楚的地方，需要我再向您解釋嗎？

就利用這種方式，靜候顧客的發言。

記住，這時應特別注意拖延時間的說話技巧，絕不可以講四分鐘、六分鐘和十分鐘，因為雙數給人的直覺反應就是很多，這樣會使顧客懷疑你要講很久。若用單數，讓顧客心裡存著五分鐘、七分鐘的觀念，他會覺得費時不多，就會安心地聽下去。等他心裡發生了這種微妙的變化後，你再觀看他的表情，如果他還有繼續聽下去、看看你的商品的意願時，你就可以把說明書或樣本遞過去，再誠懇地問他：「你還有什麼意見嗎？」

若遇到性急的顧客，連珠炮似地發問時，推銷員一定要先聽清楚對方的問題，等把樣品拿出來時，可以不必按照對方問話的次序，向他說明使用的方法和好處，同時在這種情形之下，你也可以對他說：「請你稍等一下。」然後再慢慢地向他解說。像這種性急的顧客，如果是具有購買決定權的人或是公司老闆，你可以先跟他談結論，不必談理由，但是你要注意，通常這種人，只喜歡聽自己所想聽的東西，你不妨提醒他一句：「先生，這個地方也很重要喔！」

當你把顧客的注意力吸引到你的主題時，要盡量說明你所認為要緊的理由，如果推銷員本身的行動和說服力，不夠機警和清楚的話，反而會使顧客聽得不耐煩，以致推銷失敗。這時推銷員最好長話短說，多用動詞，少用形容詞，言語簡短有力，態度舉動也要有分寸。

總之不要跟忙碌和性急的顧客囉嗦，要察言觀色，選擇適當的內容和詞句。

02 對待不信任推銷員的客戶

曾經購買過保險卻因某些因素留下不好印象的客戶，可以說是最不好處理的。首先一定要先找出問題癥結，將客戶的怒氣、不滿一掃而光，才有可能讓客戶以正常的心態重新接納推銷員。

客戶：「上次那個推銷員，還沒買之前天天來找我，買了之後就找不到人了！」

推銷員：「那真是太不應該了！不過，人嘛，總是有好有壞的，只是您運氣不好碰上個惡劣的推銷員！」

客戶：「唉！你們都是這樣的，光是會說好聽話，我可不願再被騙了！」

推銷員：「請您仔細看看我（直視著客戶的眼睛），我是那種人嗎？我是 ×××，這是我的名片，如果您有問題，歡迎您隨時打電話來……」

下面還有一個例子：

客戶：「上次那個推銷員叫我附加個什麼保險，說一天可以領多少多少，結果還領不到三分之一，那都是騙人的！」

推銷員：「請問您是不是有勞保？」

客戶：「有啊！」

推銷員：「那麼當初那個推銷員有沒有告訴您，必須先扣除勞保支出的部分，再實支實付？」

客戶：「這個……」

推銷員：「我想可能是他忘記講了或是解說得不夠詳細。其實，保險是不會騙人的，只不過有很多契約條款我們都沒有注意到。就好比說，骨折時有些人喜歡找中醫貼膏藥而不願看西醫上石膏，但萬一所找的不是有中醫師執照的，往往得不償失。」

客戶：「原來是這樣啊！」

推銷員：「這些在契約條款上都有明文記載，同時也具有法律約束力，只要合乎規定，保險公司一定會依法行事的！」

03　對待喜歡講話的難纏顧客

對於有經驗的推銷人員而言，喜歡講話的顧客是一種非常難纏的對象；拜訪他的時候，高興起來滔滔不絕，你花費的時間會比預定的長很多，而且會減少一天中的顧客訪問量。倘若告辭的時機不好，就又會被客戶認為服務不好，因為往往會在顧客興頭上打斷他的話題。所以大部分的推銷員，均視如何向能言善道的顧客告辭為一大難題，換句話說，必須要讓對方感到滿足。

「經理先生，聽您說話真有意思，所以我把時間都忘了，我希望下一次來能再聽您長談，我很高興聽經理先生講話。」

可以像這樣告訴顧客，的確是很想再聽下去，可惜另外還有事情待辦，等到顧客語句告一段落時，靈巧地切斷談話；在這個時候，必須知道當顧客吐氣時就是要講話了，當顧客吸氣時就表示話講到告一段落；如果將它弄錯了，會引起顧客的不快，應該多加注意這種搶時間的觀念，只要稍微練習一下，就可以學會。

不管怎麼說，愛講話的顧客比起不愛講話的顧客，要容易應付。這種喜歡和推銷員攀談的顧客，又可區分為兩種類型，一種想利用他的口才來辭退推銷員，另一種是天生就是好說話的個性。

前者是有意地拿「講話」做擋箭牌，使推銷員全神貫注地聽，一般來說推銷員會充滿熱誠地傾聽，使得顧客認為已經把推銷員弄得糊里糊塗而加以攻擊。這時推銷員就可以在他的言談中找出顧客的矛盾、誤解、欲望來，用簡潔的方式問他原委，多少可促使事情明朗化。

「您剛才不是說很理想嗎？現在又說貴公司對這樁交易沒有興趣，為什麼呢？請您指教。」

「李先生，您開始不是說公司第一、業務第一的嗎？可是為什麼您又說對處理機不感興趣，您知道處理庫存事宜是不可缺乏這種機器的。這究竟是什麼緣故呢？可否請您指教一下？」

像上面的問題是可以適當提出來的，尤其末尾加上一句「請您指教」，便足以令顧客說出心裡的話，而不是漫不經心地閒扯。「請您指教」的探詢方式具有極大的效力，不僅是愛講話的人會坦誠相向，就是不愛講話的人也自然開口了。此時顧客開啟了話匣子，也許就無意中露出他的弱點。假使顧客說的話最後帶有疑問，表示他話中有弦外之音；用這種方法，多半能夠成功發掘其中的實際問題，適用於愛說話與不愛說話兩種極端的類型。

04　對待不愛講話的寡言顧客

推銷員最難應付的顧客，就是頑固的顧客和不愛講話的顧客。但是只要你用對話技巧，一樣可以成功。

在某市中有一家很漂亮的小吃店，地點選得極佳，裝潢也別出心裁。初次接觸的那天，當推銷員步入店鋪中時，老闆正在做包子，老闆娘也在旁邊，但連看都沒看一眼，推銷員向她打了一聲招呼，她只用眼角餘光瞟了推銷員一下，可見老闆娘也是個不愛講話的人，於是彼此耗了二十分鐘，使推銷員毫無開頭機會，這一天就這樣無功而返。

過了十天，推銷員再去試行拜訪，這次他先選了老闆剛剛做好的十個包子，請他用盒子裝起來，然後再拿兩個包子擺在盤子裡，就開始跟老闆交談起來。

「老闆，您做的包子很好吃，裡面的餡真多呀！是您親自做的嗎？您用的鍋是鐵質的吧？……還有豆沙的甜味真適中，您都是用白砂糖嗎？……」

「是啊！你懂得很多呢！包子說起來餡最要緊，你說這包子皮很好，你老兄很內行嘛！這皮也是我親自做的，並不是像人家用機器做。總歸一句話，做生意不是專為賺錢呀！不讓人家嘗嘗這種好味道就對不起老天爺喲！……對啦對啦！我想起來了，你以前來過一趟！請問有什麼要事？」

「老闆，今天我可是看著你的包子來的。我今天是受人之託，幫一位眼睛看不見的鄰居買點包子作為禮物的。喔！我覺得老闆你很喜歡盆栽，是不是？」

「啊！也沒什麼好東西啦！你也喜歡盆栽是嗎？你到傍晚時再來嘛！我們可以談談呀！」

由於這位推銷員用對了推銷戰術，即對不愛講話的顧客，不斷地尋找話題，引他開口，因而達成了目的，與老闆正式簽訂了買鍋的契約。

事實上，這種不愛說話的顧客並非絕對不開口，只要有適宜的開頭和相當的情緒，他也能講得很開心，推銷員應該針對顧客感興趣的事去徵詢他的意見，積極地引導，就可以讓顧客愉快地談話了。

05 對待猶豫不決的遲疑顧客

猶豫不決的顧客，一般而言，並非與年齡成正比，只是自己不知道如何處理事情。因此碰到該做決定的事時，就舉棋不定，顯出一副迷糊樣，尤其在買東西時更是這樣。你時常可在商店或百貨公司內，看到這種顧客在跟朋友商量，或手裡握著兩三件東西，不知如何取捨決定。其實這種顧客，最希望有人幫他做決定，這時你可以用充滿自信的態度和言語，幫他做肯定的決定，同時也要給他足夠相信的證明和理由。

「這一件很適合你！因為你皮膚很白，穿這件最合適，和你一起來的朋友，也這麼認為吧！」

「你帶著其他牌子的錄音機走，也許會因車子的震動，發生故障。但是這種牌子我保證，絕不會震壞。因為這一件，是曾被空軍運用在射擊訓練上，判斷有沒有擊中的機件。」

「我們公司從 19XX 年創立以來，一直就做電器測量儀器，光是專利就有 122 件，新發明的則有 1,001 件，可稱為電器界的泰斗。從創立至今，我們一直秉承踏實負責的經營態度，所以有些顧客評價我們的店員說：『你們店裡的職員說難聽點，是像土包子，然而實際上卻很純樸。』也許是我們的員工都具有熱誠服務的態度吧！所以現在 ×× 鋼鐵公司，所有的測量儀器，都是在我們這裡訂購的。」

像這種說法，就能幫助顧客很快做出最後的決定。

對於猶豫不決的顧客，你千萬不能再問他：

「你覺得哪種比較好？」

這樣反而會增加他的排斥感，倒不如看著他的眼神、手勢，想辦法適時給予誘導性的建議，導向肯定決定的方向。

「你家有四口人，買這種尺寸的洗衣機，我認為比較適合。」

「反正你總歸是要買，還是買這種比較好。」

要順著顧客的意思，用肯定的語句，一步一步地向購買的方向誘導。最要緊的是，談話中如果看到顧客顯現出猶豫不決的樣子時，你絕不可再重複一遍說過的話，這一點是非常重要的。

一般做生意的人，個性都是屬於比較豪爽乾脆的，換句話說，就是具有「一根腸子通到底」的脾氣。與這種人交談時，常會發現，他們不論對方是什麼人，都口無遮攔地自說自話，而不顧是否會傷到對方，甚至他們還會認為對方是個沒有心眼的傻子，如果推銷員能體諒他們是沒有惡意的，這種生意人也會是很好的客戶。

「又是推銷新產品啊！不要！不要！我想，像你這種人，是不會推銷什麼好東西的！該不會又是來強迫推銷的吧！好歹也分一些讓我賺賺呀？」

瞧瞧這逼人的口氣，確實有點令人吃不消，不過他的本性還不壞，所以你不必在意。

「價錢太貴，能不能便宜點？這樣好了，你能減多少？你總不能一分都不少就要我買吧！再便宜點怎麼樣？」

就連殺價他們也用咄咄逼人的語氣，不過殺價的過程可比最後成交的結果有意思多了。你可以順著顧客的話來應付他，但是說話要得體，不可得罪顧客。在表情方面，雖然你看不慣顧客的態度，也要以微笑親切的態度相迎，這樣才能抓住顧客的心理。

「你這麼說我實在承擔不起，不過請你不要生氣，這一次希望你答應我訂十箱好不好？不行的話，五箱也可以，也許你拿少了會被老闆數落一頓，我看你乾脆拿八箱好了。」

就照這種語氣，真心誠意地與對方洽談，很快就能讓對方萌生親切感，達成交易的目的。但是並非對任何顧客，都可以用這種態度來應付，有時你自認講話簡潔乾脆，對方或許認為你不懂禮貌，是個信口開河的人。

在與顧客洽談生意時，你到底應該規規矩矩的談，還是與顧客有來有往地彼此無拘無束地講，並不是光憑顧客的樣子就可決定的，還是要先聽聽顧客的談話之後，憑著經驗順著顧客的語氣去做。

06 對待似懂非懂的外行顧客

所謂似懂非懂，就是表面看起來像很懂，實際上並不懂。也就是在說話時，對不懂的事裝作很懂的樣子。這類型的顧客，跟其他顧客不一樣，有時候也很好對付，但是碰到沒有經驗的推銷員，往往會使顧客下不了臺而讓他很氣憤。而且這種顧客的自尊心特別強，優越感和自我表現的欲望也很強。如果你當面指責顧客講話矛盾或錯誤，當然是不易為顧客所接受的。

推銷員：「您的見解，實在高明，絕不是一般人能趕得上的。」

客戶：「我在大學時代也很用功，你看這間會客室，是我自己設計的，還可以吧？」

推銷員：「我雖然都是周旋在高尚人士之間做生意，可是我總覺得自己是不學無術，挺不好意思！您剛才不是說過，紅色是代表興奮的色彩，綠色是鎮靜的色彩，可是您書房的顏色，怎麼都是紅的呀！……」

客戶：「這是裝潢公司弄錯的，那時我不在家。」

推銷員：「是嘛！我想您自己絕不會弄錯的，如果這間書房以綠色為主的話，當然，你也知道該如何調配色彩的濃度、明度和如何補色，該配什麼樣的地毯！」

要像這樣，略為提到話裡的錯誤和矛盾，用教導的方式和他交談，對方也較容易接受，而且在交談中，你能用心去了解對方的了解程度，談起來也比較容易。

為了要知道顧客究竟懂多少，可以用一小部分專門問題來問他，例如說：

「電線迴路不好，到底是什麼原因啊？」

或者說：

「擴音器愈多，為什麼發出的聲音愈好？」

如果顧客能夠很流利地回答這些問題，當然顯示他懂得不少，你可以照他懂的程度來應付。

相反，如果顧客的回答是：

「嗯！這個嘛！意思就是……就是，總而言之，它的效能很不錯。」

像這種答案，無論是誰聽起來，都知道對方的知識有限，但是推銷員卻不可以馬上露骨的表示出來，必須幫他答下去：「也許您知道吧！就是……。」

先要稱讚一下顧客的了解程度，然後再向他說明，這也是應付這一類型顧客的方法。

07　對待追根究柢的認真顧客

客戶：「你們店裡的東西包裝得很好，常使顧客很滿意，裡面裝的東西，是不是也一樣呢？」

推銷員：「這是小店創業五十年的傳統，一向都如此。」

客戶：「你們的傳統又是什麼？」

推銷員：「光顧本店的客人，大都是很高雅的人士，所以形成本店的高雅風氣，某雜誌也曾有過這樣的報導。就因本店有這樣的顧客，所以才以尊重傳統風氣，作為本店經營的方針。」

客戶：「嗯！是這樣啊！可是又為什麼……？」

推銷員：「是的，說的乾脆點，一切都因為。」

客戶：「為什麼貴店格調會比較高呢？」

有些顧客，就像這樣有一句沒一句地問個沒完，推銷員也許會把這種人，歸到屬於難纏的顧客之列，其實像這種追根究柢的顧客，大致可分為四種類型：

- a. 具有小孩般好奇心的顧客。
- b. 具有學者涵養態度，喜歡探究自己所關心的事。
- c. 本性就屬喜歡追究，又愛聊天的人，這種類型的顧客以女性居多。
- d. 由於個性的關係，總要打破砂鍋問到底，這種類型的顧客，大多具有自卑感。

碰到這些顧客時，你必須先找出顧客為何追根究柢的原因，再加以應付，才能成功地達成銷售任務。

a 類型的人，並不重視事實，只要跟他說明，讓他產生認同感，他就會覺得滿足，就像是對付小孩般的回答方式，就可以了。

b 類和 d 類的人，就必須拿出證據，證明的確是事實才可以。

c 類的人，你只要跟他談如何交貨，和一些商場上的批評，他都會很樂意聽的。

b 類的顧客，或許會問你：

「為什麼同樣的商品，顧客們都喜歡買你們店的？」

你可以這樣回答：

「我想這件事顧客大概也知道，在總公司的附近地區，我們共有四家分店，本來四家分店的包裝紙是不一樣的。可是逢年過節時，我們發覺顧客都不喜歡用 ×× 分店的包裝紙，於是我們就請某大學的研究所，幫我們做了一次市場調查，才發現人們似乎都有不喜歡在那一分店買禮物的習慣。所以我們才決定，把所有分店及總公司的包裝紙都換成那種受歡迎的包裝紙。」

應付 d 類顧客的問題，可說：

「為什麼本店格調較高，我也不清楚，但是根據某一大學的研究結果顯示，風度及學識愈好的人，尤其是中年以上的人，愈是講究傳統，重視傳統。因為小店歷史悠久，大家對於本店，多少也有點懷古的心理而前來光顧，不過你這個問題，的確是把我問倒了。」

像這樣談談自己的成就，同時也滿足對方的優越感，更能吸引顧客。總之，必須先滿足顧客的求知欲後，才能談成生意。

08 對待傲慢自大的特殊客戶

有一天，原一平去訪問某公司總經理。

根據原一平的調查，這位總經理是個「傲慢自大」型的人，脾氣很差，沒什麼嗜好。偶爾會去打高爾夫球，聽說在打高爾夫球時都旁若無人，傲慢自大。

這是最令推銷員頭痛的人物，不過對這一類人物，原一平倒是覺得胸有成竹，所以懷著輕鬆的心情去拜訪。

先向傳達小姐報名道姓：「您好！我是原一平，已經跟貴公司的總經理約好了，麻煩您通報一聲。」

「好的，請等一下。」

接著被帶到總經理室。總經理正背對著他坐在椅子上看公文。過了一會兒，他才轉過身，看了原一平一眼，又轉身看他的公文，一副愛理不理的樣子。

就在那一瞬間，不知何故，原一平突然間覺得有點反胃，想要吐。

每次碰到這種場面，原一平的反應特別靈敏（但事後都覺得很羞愧）。忽然原一平大聲地說：

「總經理您好！我是原一平，今天打擾您了，我改天再來拜訪。」

原一平一面說著一面從椅子上站起來。

總經理轉身愣住了。

「您說什麼？」

「我告辭了，再見！」

他轉身向門口走去。

對方顯得有點驚惶失措。

「喂！你這個人怎麼回事，一來就走了，到底是來幹什麼的？」

「是這樣的，剛才我在傳達處聽小姐說經理非常的忙，所以我特地請求傳達小姐，哪怕給我一分鐘也好，讓我拜見總經理並向您問候。如今任務已經完成，所以向您告辭，謝謝您，改天再來拜訪您，再見！」

走出總經理室，原一平早已冒出了一身汗。雖然如此，他還是面帶笑容，向傳達小姐行禮致謝後急忙走出那家公司。

與準客戶剛一見面，只留下名片就匆匆離開，這是一種很不禮貌的行為。可是，這一舉動對「傲慢自大」型的準客戶常有出人意外的效果，通常在匆匆告辭後幾天，原一平還會硬著頭皮去做第二次的訪問。

「嘿！你又來啦，前幾天怎麼一來就走了呢？你這個人滿有趣的。」

「啊！那一天打擾您了，我早就該再來拜訪……」

「請坐！請坐！不要客氣。」

因為人的內心錯綜複雜，所以對事情的反應也是千奇百怪。由於原一平採用了「一來就走」的妙招，這位「傲慢的準客戶」前後兩次的態度判若兩人。

不過，這只是突破第一關而已，第二次拜訪，就不像第一次那麼簡單了。

客戶就是推銷員的一面鏡子，表情、姿勢與內心所想的，都會原原本本地反映在這一面鏡子上。如果你不喜歡對方，對方也不會喜歡你；如果你討厭對方，對方會更加討厭你。

所以，在第一次拜訪匆匆跑回來之後，原一平重新研究了這位客戶的資料，這次他們開始了如下的對話：

「你不用白費口舌了，我身體很健康，根本不需要保險！」

「聽您這麼說，真是恭喜您了！您知道嗎？其實我們每個人每天都在賭博？

「賭博？」

「是的，我們每個人每天都在和命運之神賭，賭健康，賭平安，贏了當然好；但是萬一輸了，那您就是為了省下一點點保險費，卻拿您的健康作為賭本，賭全家、全公司的幸福！」

「我有存款足可以應付，不需要保險！」

「儲蓄是種美德，恕我冒昧問一句，以您目前的存款是否能支付家裡 5 年或 10 年以上的費用？哦！對了，我剛剛在外面看見您的車子，真漂亮，裡面的配備也很精緻。請問您用了不少錢吧？」

「那當然，我花了 300 萬元呢！」

「那您給車子保險了嗎？」

「那當然！」

「為什麼呢？」

「萬一被盜或被撞保險公司可以賠！」

「車子只是代步工具，真正開車的人可是您呀，車子只是您資產的一部分，您怎麼就忽略了創造資產的生產者——您自己，既然您能買得起那麼昂貴的車子，相信您一定很有魄力，經濟能力也一定很雄厚，所以您無論選什麼，肯定都是一流的。」

「那自然。」

「怎麼樣，考慮一下我們公司保障最全的、專門為有經濟頭腦的人設計的保險吧！」

「好吧，那你就給我詳細介紹一下吧。」

終於，原一平抓住客戶傲慢、自視不凡的心理，給予他充分的自我滿足感，從而簽下了數額巨大的保單。

五、洞察心理，千人千語

01 見到什麼人會說什麼話

一般我們可以把客戶分為兩類：主動配合銷售的，我們稱其為「友好客戶」。這一類客戶是我們的朋友，是我們最喜歡遇到的。另一類客戶則是我們最不願意遇到的，因為他們經常存在各種的「麻煩」，這一類客戶，我們稱之為「問題客戶」。對待「問題客戶」不應該是迴避，而應在潛移默化之中，使他們轉變為我們的「友好客戶」，配合我們的工作，逐步提升我們的銷售業績。

做生意講究「見什麼人，說什麼話」。由於每個人都有自己與眾不同的性格，即使是同一需要、同一動機，在不同的客戶那裡，表現方式也有所不同。所以，為了能夠真正把話說到顧客的心坎上，推銷人員不僅要了解顧客的需要、動機，還要對不問的顧客有一個基本的了解，這樣才能有的放矢，百步穿楊。

接近不同性格的客戶是一門學問，其中也有不少的訣竅。推銷高手知道對不同性格的買主要採取不同的做法。

不同的人有不同的樂於接受的方式，所以要想達到推銷的目的，就必須先了解對方樂於接受什麼樣的方式，針對他們的不同情況採用不同的方式。

例如：客戶若性急、心直口快且善變的話，就很有可能一時衝動而做決定。這時，我們就要平心靜氣地做出判斷：

客戶是否真的需要，還是一時衝動的決定。

有的客戶生性多疑，事事考慮周到，不易獲得其信任。這時我們就要對產品有深刻的認知，隨時準備答覆各種質疑，耐心提供大量充實可靠的數據，幫助客戶做出決定。

還有沉默寡言的客戶，他們缺乏表情，態度冷漠，其內心令人難以捉摸。那麼作為銷售人員，不能因其冷淡的態度而失望，應盡量附和他，不要說太多不必要的話，請他對你的問題或產品發表意見或批評，反而會取得出乎意料的效果。

我們常常用的一個技巧 —— 買主問你一個問題，你就反問一個問題。

「你能 30 天內發貨嗎？」

「你們希望 30 天發貨？」

「是藍色的嗎？」

「你們喜歡藍色？」

「能給我留出 90 天的付款期限嗎？」

「你們希望 90 天付款嗎？」等等。

對分析型的人來說這是很可取的做法，因為他喜歡問題。也可以整天坐在那裡問問題和回答問題。

對隨和的人而言，也很有效，因為這是你關心他的表示。

但獨斷專行者問你問題的時候，他想要的是答覆。他不喜歡玩文字遊戲。

果斷而外向的人也是如此，除非你直截了當或敞開心扉，不然他不會對你熱情。他會迅速做出決定，但要基於事實基礎。

我們另外一個技巧是人們靠熱情買東西，而不是邏輯，他們需要邏輯的唯一理由是給他們心血來潮做出的決定一個合理的理由。

對外向型的人確實如此，有人花幾百萬美元替自己的走廊鋪上紫色的義大利大理石，是因為他喜歡那麼做。

隨和的人也是如此，因為情感變成對你以及你的行為的一種溫暖的感覺。

但是獨斷專行者不會為情緒花錢；他們花錢是因為能產生他們想要的回報。

分析型的人也不會因為情緒而做決定，當他們覺得所有資料都齊全的時候才會決定購買。

對於那些很忙碌的顧客，或者看起來有點匆忙的顧客，洽談生意時除了必要的寒暄一番外，就應該切中要害，轉入正題。

但是這種談話方式應注意的是，真正忙碌和貌似忙碌的顧客，實質上是不同的，所以談話時要因人而異。就像碰到不喜歡開口的顧客一樣，我們首先必須探聽出他喜歡什麼，關心什麼，對什麼感興趣。

各種性格特徵就好比是各種有色眼鏡，每個人所戴的眼鏡不同，他所觀察世界的角度也就有所不同。當你了解了人的不同性格特點，就使你的推銷工作靈活起來。

需要注意的是，性格並沒有好壞之分，同時，沒有一個人是100%的屬於某一種類型。人的性格並不僅僅表現為簡單的類型，所有人都擁有幾種性格，哪種占的比例多一些，人的性格就主要表現為哪種類型。

有的時候價格並不起作用，而關鍵是心理因素。你可以想方設法以你的產品來滿足顧客的要求。有一個廚具商訪問某公司餐廳的經理。

他問：「請問您是否喜歡您目前的職業？」經理回答道：「我不準備在此待一輩子，我想成為整個公司的經理。」這句話反映出他的積極上進的性格。於是這位商人就開始這樣介紹自己的產品：「您要是在您的餐廳裡配備了金光閃閃的廚具，您的頂頭上司一定會意識到您善於經營，是個出類拔萃的人。然後您再把整個餐廳裝潢得整潔高雅，那您所經營的餐廳一定會賓客如雲，生意興旺。您一定會被上司賞識，您將前途無量。」那位經理二話不說，馬上買了他的整套炊具。還有些客戶是帶有美學標準來購買的，比如要購買裝飾用的雕刻、盆景、字畫、風光景物圖，那麼你就應該投其所好，用美學觀點與其交談，盡量使顧客對你的談話產生共鳴。

02 對獨斷專行的人的推銷口才

對獨斷專行的人從握手的堅定程度，他回答你問題的直白程度，他介紹自己姓名的方式，諸如此類的事情可以作出判斷。這類買主想單刀直入談生意。他跟你握手，說：「來讓我們看看你們的意見。」獨斷專行的買主會很快做出決定。「你要是打20%的折，我就要一卡車，15號以前運到。你看行不行？」

獨斷專行的買主通常對打進來的電話進行篩選。他的祕書在接通之前要了解是誰打來的電話，打電話有什麼事。他的辦公環境很正式，有祕書接聽電話，安排談話會把你請進他的辦公室（而不是離開他的辦公室見你）。獨斷專行的人喜歡參加溜冰、潛水、飛行；他可能喜歡高爾夫球，但他不願花太長的時間參加。他整潔，有條理，經常穿得很體面。

對獨斷專行者，不要浪費時間跟他說廢話。你應直接提出自己的意見，不要聊天，如果你想談談昨晚的籃球比賽來套近乎，他會把目光移開盯著別的地方。不要給獨斷專行者過多的資訊，他會根據一些資訊做出決定。如果你想用過分熱情的陳述來分散他的注意力，他會覺得你像個騙子。你就等著他做出一個果斷的決定吧。有位男士和他妻子到一家大百貨公司去買枝形吊燈，這位男士堅持要看一個展現文藝復興時期古典藝術的枝形吊燈。

他對售貨員說：「一定要給我拿一個小的、能夠真正展現文藝復興時代古典藝術的，而且不要太昂貴的枝形吊燈。」

這位售貨員馬上意識到他遇到了一個難以對付和獨斷專行的顧客。作為一個非常機智的人，他知道自己的任務首先是迎合顧客，然後再盡可能地判斷出他心中的固定看法到底是什麼樣的。透過對一般性問題的誠懇交談，這位售貨員使這個人平靜了下來，又透過一系列巧妙的問題，他終於準確地判斷出了這位顧客想要的枝形吊燈。

對這個售貨員來說，這樣做更容易滿足顧客的要求。

03 對外向型性格的人的推銷口才

外向的買主友好而開放。他親自接電話，不必對打進來的電話進行篩選。

如果你到他公司去，他往往在走廊見你，會領著你在他們公司轉一圈。他走在你前面，熱情地跟每個人打招呼。他喜歡看籃球或足球比賽。他或許把家人的照片放在辦公室，獨斷專行的人也許認為這樣太不正式。

儘管他喜歡談他的假期或郊遊的情況，如果有人進辦公室請示生意上的事，或者當著你的面接電話，他也會很快做出決定，他是個熱情友好的人，但他不怕對你說不。所以，他有人情味，但同時也很果斷。這類顧客很坦率地就把自己不購買的理由和對商品相反意見說出來，這對於推銷員是有利的。這類顧客對推銷員有一種微弱的抗拒心理，一見推銷員就馬上說:「我不想買，只是看一看。」其實這話是一種抗拒，推銷員大可不必理會他，只要商品使顧客滿意，使他喜歡，連顧客都會忘記自己說過這樣的話。他說這樣的話本身就是一種暗示，暗示自己看一看，如果看著好就買。他不是很有條理，他的辦公桌或許很亂。他做事不持久，但他討人喜歡，跟他在一起有意思。

你和一個外向的人打交道的時候，你應擺出熱情友善的姿態。要讓他高興，談他的興趣愛好，跟他講喜事或禍事，等待他根據他對你的專案的興奮程度做出一個果斷的決定。

外向型顧客辦事幹練、心細，並且性格開朗，閱歷少，只要與他多交談一會。他就會與你更加親近，跟這種顧客極易成交。

首先要精神飽滿，清楚、準確又有效地回答對方的問題，回答如果太拖泥帶水，這種人可能會失去耐心，聽不完就走。所以對這種類型的人，說話應注意簡潔、抓住要點，避免扯一些閒話。

這種類型的人做事會給自己留一條後路，並且說話乾脆，讓人對他易產生一種信任之感。他們做事前就已經想好了怎麼做，準備好問什麼、回答什麼。所以他與推銷員交談就有了目的性，這樣對於交易也就順利了。

對付這種顧客比較容易，只要以熱心誠懇的親切態度對待他，並且多與他親切交談，多與他親近，就會消除雙方的隔閡，這時交易也就做成了。

04 對隨和的人的推銷口才

這種人往往給自己設定障礙。他或許有一個沒有順序的電話號碼簿，或許在前門掛上一個「請勿推銷」的牌子。他或許住在同一所房子裡很長時間，因為他和周圍的人和事物建立了難以割捨的關係。他周圍的環境溫暖、舒適，因為他和生活中的一切，比如家、家具、汽車都建立了難以割捨的關係，不喜歡改變它們。他或許開著一輛舊汽車，因為他怕和賣車的打交道，他怕被賣車的高壓強迫。

隨和型的人不是企業家。他喜歡在大企業裡當管理階層，組織的形式使他不必做出果斷的決定。他似乎沒有什麼時間管理意識。當你打電話約見他時，他會告訴你什麼時候來都行。他往往缺乏條理。

因為他不善於拒絕別人。請他參加各種活動，他很難拒絕，所以他往往承擔超過他能力的任務。

這種人遇事沒有主見，往往消極被動，難以做出決定。面對這種人推銷人員要牢牢掌握主動權，充滿自信地運用商務語言，不斷向他做出積極性的建議，多多運用肯定性用語，當然不能忘記強調你是從他的立場來考慮的。這樣直到促使他做出決定，或在不知不覺中替他做出決定。

這種人容易猜疑，容易對他人的說法產生反抗心理。說服這種人成交的關鍵在於讓他了解你的誠意或者讓他感到你對他所提的疑問的重視，比如：「您的問題真是切中要害，我也有過這種想法，不過要想很好地解決這個問題，我們還得多多交換意見。」

有些人就是性子慢，如果他沒有充分了解每一件事，你就不能指望他做出什麼決定。對於這種人，必須來個「因材施教」，對他千萬不能急躁、焦慮或向他施加壓力，應該努力配合他的步調，腳踏實地地去證明、引導，慢慢就會水到渠成。

你和隨和的人相處的時候，要慢慢來，等到他相信你以後，再向他證明你真的很可靠。要當心，因為一點小事可能冒犯了他。不要對他施加壓力，因為他不喜歡人家強迫他做出決定。你要知道需要給他時間讓他把問題想清楚，要等他覺得你說得有道理的時候。

你向一個隨和的買主推薦你的產品，你根本看不出有什麼理由他不接受。很顯然，與目前他的供貨商相比，你可以以更低的價格提供更好的產品。所以，他應該回絕那個供應商，跟你做買賣。但他就不這麼做。他心裡想的是：「我跟你還不熟，我想跟感覺舒服的人做生意。先告訴我你是否可靠，然後再告訴我你知道多少。」

溫和、寬容、有耐性，這是老好人型的特點。他們對任何人任何事都能忍耐、不急躁，不嚴厲、不粗暴。具有這種性格的人，願意與別人商量，能接受別人的意見，使別人感到親切，容易和別人建立親近的關係。但老好人缺點也顯而易見，常常沒有主見、患得患失，盲目地相信別人。這類型的客戶他們也不乏其人。

老好人性格的客戶寬大有氣量、寬容處事、適應性強、擅對壓力。在社交中，他們允許不同觀點的存在，如果別人無意間侵害了他們的利益，他們會諒解別人的過失，允許別人在各個方面與他們不同，使對方感到他們是有氣度的人，從而願意與之交往。

老好人型性格的客戶往往是一個耐心的傾聽者，對別人的講話表示興趣和關切；又是一個耐心的說服者，使別人愉快地接受他的想法而沒有絲毫被強迫的感覺。

老好人型的客戶性格低調、平和、易相處，所以對人的態度較好，但時常優柔寡斷，面對事情和談判，就是最終遲遲不能做決定。對待此類客戶，要努力幫助他們盡快做決定。

有人以為老好人型的客戶「好欺負」，其實，好性格的人是不亢不卑的，屬於自己的利益一定去爭取，侵犯自己的事情一定不允許。對他人的成績給予讚揚，對他人的錯誤懂得理解。對自己的利益寸土必爭，誰要是侵犯他們了，一定不輕易放過，這類客戶有時是一隻「刺蝟」，不主動攻擊別人，但是誰要是想侵犯他們，那麼一定要受到嚴厲的懲罰。

老好人型的客戶，對別人不要求，對自己不苛求。他們普遍內向，樂做旁觀者。情緒穩定，溫和，樂觀，讓人安心。他們支援別人，有耐性，好脾氣，不自誇，老好人有可能也會是個真好人。

05 對分析型的人推銷口才

分析型的人大多可能是從事工程技術或財會工作。他或許有戀物癖，周圍到處堆滿了東西。他有強烈的好奇心，總在蒐集資訊，而且樂此不疲。給他看一本書，他就要弄清什麼時候以及怎麼印刷的。

這類客戶的原則性強、工作有計畫、條理分明、思維縝密。

在與分析型的客戶交流中最忌粗枝大葉。這是一個競爭的社會，任何一次的疏忽都會導致失敗，如果再加上有粗枝大葉的毛病，就會更加危險了。

這種類型的客戶比較理智，相信自己的判斷。喜歡新品種以便獲得較大利潤。這類客戶銷售能力較強，渴望新品種，但喜歡自己做判斷。銷售人員可以根據品種級別推銷。

高級品種主要宣傳其品牌形象，中級品種則強調安全、品質、價格。

分析型客戶一般會為了達成目的最終實現而追求完美無瑕：這也一向是他們的行為信條。

在所有潛在客戶中，記住千萬不要給那些分析型客戶留下壞印象。這種客戶極度謹慎和理智，也十分挑剔。他們比其他人更在乎細節。他們對準確度、細節、事實和數據十分關心。他們在意真相，事實上他們只在意真相。他們會留心商家的可信度，他們不斷提醒自己要小心謹慎。

在工作中看到一個分析型的人是很有意思的。他認為透過處理大量的資訊就可以駕馭一切事情。分析型的人對時間要求很準時，你永遠不會聽他說:「我午飯前後到。」他會說:「我 12 點 15 分到。」他對數字要求也非常精確，他不會告訴你說什麼東西值 1000 多塊錢。他會告訴你它值 1,140 元。他喜歡精確，所以你向他介紹自己產品的時候，要精確到個位數。

當一個分析型的人說：「你什麼時候出貨？」

他希望聽見你說：「1 月 16 日下午 3 點。」

他不希望聽你說：「哦，大約 1 月中旬。」

當他說：「牆塗多厚的油漆？」

他不希望聽見你說：「哦，我猜不薄也不厚。」

他希望聽見你精確到千分之一公分。

上述特徵注定這樣的客戶在購買商品時，會慢條斯理而且小心翼翼。因此，銷售人員留下好印象以後，要將他們爭取過來還得花大力氣。如果在他們面前，你有一種被置於顯微鏡下的窘迫感的話，那麼請做好心理準備，接受這種顯微鏡下的檢查吧！

多數買家和財會人員屬於這種類型。他們共同的表現為懷疑、挑剔、善於分析問題。就因為他們有這樣的特點，他們的雇主才會聘用他們。因為他們難對付，因此有必要先對他們做一個分析，一旦掌握了他們的心理，那麼就會知道如何才能打動他們。對待這樣的客戶，應該盡量使他們有安全感，讓他們相信你，讓他們明白你會認真傾聽、分析他們的要求。

不要在談判桌上刻意煽動狂熱的氣氛，這樣做往往會適得其反。激發這類客戶購買欲望的唯一辦法，就是營造出一種一切都井然有序、按部就班的氛圍。對銷售人員，他們希望不管是看起來、聽起來、還有感受起來都要符合他們的要求。

我們可以這樣來看這個問題。你接觸到的每一位分析型的客戶，不管是現有的，還是將來的，對你來說都是「會下金蛋的鵝」，是你月復一月、年復一年取得良好銷售業績的堅實基礎。若你想靠這隻「會下金蛋的鵝」長期賺錢，那麼你就要對他好。你不能對他撒謊，不能強迫他買不需要的東西。不要妄想透過誇大其辭來掩蓋事實真相，不然，他遲早會看透你的。

他們喜歡和冷靜、細心、做事有條不紊的人打交道。任何細節對他們來說都是十分重要的。他們會留心你的著裝是否得體，會在意你公事包裡的文件是否放置得很整齊。他們希望所接觸到的人和產品，都要具備他們所期望的準確、精確和效率。

他們對玩笑持懷疑態度。所以，銷售人員的推銷風格必須要嚴謹，說話緩慢、清晰，當面記筆記，詢問他們的需求。他們喜歡銷售人員「詳細說明」相關情況。在他們面前，你無論做多少次「詳細說明」都不過分。他們想聽，希望你說。如果你不說，他們就不會喜歡你。這一類的客戶最厭惡那些一見面就想促成交易的銷售人員，這樣會顯得做事不細心。再者，這種行為強烈暗示著，銷售人員對於「詳細說明」有關情況毫無興趣。

他迷戀分析，什麼都要畫出圖表。所以，他問你數字的時候，你要把過程的每個細節講清楚。想跟他套近乎，就談談他的興趣，或許可以包括工程或電腦技術。

分析型的人在談判中就變成了行政主管。這樣的買主通常受過工程或財會方面的教育，所以只有什麼東西都遵循規則，各就各位，他們才覺得可以。他們不喜歡在談判中推推拖拖，他們喜歡一切有條不紊，他們最喜歡說的話是：「這是原則。」

相反，性格外向的人會說：「嘿，看呢！我們就差 500 塊錢，所以，看在老天的分上，我們一家一半，買賣成交。」

分析型的人會說：「我知道我們就差 500 元，實際上你在說我們一家一半，那就是說我們的分歧只是 250 元？現在，我關心的是原則問題。」

06 對沉默寡言的人推銷口才

有些人話比較少，只是問一句說一句，這不要緊，即使對方反應遲鈍也沒什麼關係，對這種人該說多少最好就說多少。這種不太隨和的人說話也是有一句是一句，所以反而更容易成為那種忠實的顧客。

有些顧客雖不多說話，但頗有心計，做事非常細心，並且對自己的事很有主見，不為他人的語言所左右，特別是涉及到他的利益的時候更是如此。

這類顧客表面看起來都很冷淡，有一種對一切都不在乎的神態，使人無法與之親近，其實他的內心卻是火熱的，你只要能與之交個朋友，他會把生命的一切都給你。

這類顧客看起來有一種讓人感到冷漠的感覺，對於推銷員不在乎，對於推銷的商品也不重視，甚至推銷員在進行商品介紹說明時，他也不說一句話，沒有什麼表情變化，很冷淡的樣子，其實他在用心聽，在仔細考慮，只不過不表現在臉上和話語中，而是在他的腦子裡。

這類顧客不提問題便罷了，但他一提就會提出一個很實在，並且很令人頭痛的問題。這時推銷員就不能矇混過去，而且因為他們本身就惜話如金。所以推銷員要小心地為他解決問題，要抓住問題的關鍵所在，只要解答了他的問題，這時他們就會立即要求開訂貨單，使交易成功。

這類顧客對待每件事都很實在，不到萬不得已他們是不會決定一件事是該做，還是不該做的。這種顧客對於推銷員都有一種防禦的心理，對於交易也有一種防禦、拒絕的本能，所以這類顧客一般都比較猶豫不決，沒有主見，不知是否該買。但這類顧客又不會加以拒絕。

這類顧客多疑，一般推銷員很難取得他們的信任，但只要誠懇，他們一旦對你信任，就會把一切都交給你。

推銷員可抓住這類顧客不會開口拒絕的性格，讓其購買，只要一次購買對他有利或者覺得你沒騙他，他就會一直買你的商品。因為他對你實在太信任了，這次信任你，下次也不會錯，這是一種使他放鬆警惕的方法。這也說明他的警惕不是來自當面拒絕這次購買，他只是拒絕下次購買。

如果推銷員這次騙了他，以後他絕不會再來買你的商品，即使你有十分好的商品，因為他認為你太不誠實，不值得與你這種人打交道。

有些人總是不願拿主意。做決定讓他們大傷腦筋，別人告訴他們怎麼做他們才去怎麼做。用學術語言這叫做「孩子」人格。心理學家艾里克·伯恩（Eric Berne）引用佛洛伊德的「超我」、「本我」和「自我」的理論，並把它簡單化為父母、孩子、成人。超我（父母）控制人格的另外兩個部分。「本我」（人格的孩子部分）不假思索，衝動行事。自我（成人的人格）理智地思考問題。

你也許認為最容易把東西賣給像孩子一樣衝動的人。畢竟，他們的哲學是：跟著感覺走。然而這麼多年來，該哲學給他們帶來了麻煩。他們也許真的想要你的產品和服務，但他們做不了主，因為他們害怕麻煩。換句話說，他們畏縮不前。

這些人需要你來替他們做決定。

你堅定地告訴他們：「今天你不拿出個主意來我就不走了。一切顯示這對你來說是個正確的決定。不得到你的同意我今天不會主動離開，所以我準備替你拿主意。就在這裡簽名吧，細節由我來處理。」

當然，只有你肯定他們會這樣做的時候你才可以這樣說。不要為了賺佣金而為之。然而，如果你堅信他們拒絕就是錯誤的時候，這種特別的舉動可能是讓他們正確選擇的唯一途徑。

對於這類顧客，有時提理由或相反意見都有些猶豫不決，好像說出來要傷害推銷員的自尊心似的。對於解決他們提出的理由，一般是等他詢問之後再進行的。

有的顧客對於任何人都很有禮貌，對任何人都很熱心，對任何人都沒有偏見，不存在懷疑的問題。對推銷員的話總是洗耳恭聽，從不插嘴，這種顧客使人覺得比較拘泥於禮貌形式，有時看起來有點傻，有時就像木偶，但這種顧客也不能傷害他們的自尊心。

但這類顧客對於強硬態度，或逼迫態度則比較反感，他們從不吃這一套，在這方面有一種固執態度，你讓他向東，他偏向西，反正與這些強硬態度的人作對，不給他們好臉色看。

對付這類顧客，抓住他們的心理就容易了。他們也是一批好顧客。他們總會對推銷員說一句：「你真了不起。」不要以為他們是在奉承你，其實這是真心的，他們佩服有才學的人，佩服勤勞自立的人。

對於這類顧客，最重要的是別施加壓力，只能以柔取勝。

還有一類顧客像孩子似的，很怕見陌生人，特別是怕見推銷員，怕別人讓他回答一些問題，他回答不上來有些尷尬。這類顧客有時還有點神經質，見到陌生人心裡就犯嘀咕。

這類顧客還有小孩子的好動心理，不過這是由於怕人問他問題的一種坐立不安。當推銷員介紹說明時，則喜歡東張西望，或者做一些別的事來克制自己安下心來，他們會玩手裡的東西，或者寫一些東西來掩飾或躲避推銷員的目光，因為他們很怕別人打量他，推銷員一看他，他就顯得不知所措。

這類顧客還有一種毛病就是有時靦腆得要命，所以對他們說話要親切，盡量消除他的害羞心理。這樣，他才能聽你推銷，交易也才能更順利。

這類顧客對於別人的誇誇其談或真才實學都很羨慕他們。很少欺騙別人，對於別人的欺騙也不計較，總以為別人欺騙他是不得已而為之。

不過，這類顧客一旦與你混熟以後，膽子就會增大，就會把你當朋友看待，有時還相當依賴於你，信任也就產生了。

對付這種顧客的方法就是第一次先與他聊天，也就是說先與他混熟一點，到第二次他就自然多了，他就會把你當作老朋友看待，洽談生意就順利多了，交易極易成功。

對付這類顧客，你必須慎重對待，首先要給他一個好的第一印象，這樣他雖然還會有些神經質，但對於你卻是很信任放心的。這時再與他談，要仔細地觀察他，時不時稱讚他一些實在的優點。照顧他的面子，不要說他的缺點，他對你會更信任，這樣雙方就能建立起友誼，會交個朋友，關於交朋友推銷員要主動一些，因為這類顧客是不會先提出的。

在交談中，你可以坦率地把自己的情況、私事都告訴他，讓他多多了解你，這樣也可使他放鬆一下，使他對你更接近，但你千萬別問他的私事，否則他就會顯得尷尬。

經過交談後，交個朋友，再洽談交易，這時，十有八九要成功了。

07 對知識淵博的人推銷口才

一位推銷員到一個社區推銷產品，詢問一位氣度儒雅的老者：「請問老爺爺，這裡的住戶主要都是做什麼職業的？」這位老者慢慢悠悠地答道，「老爺爺人老了，什麼也不知道啊！」碰了一鼻子灰的推銷員聽出了話裡的弦外之音，可他不明白問題出在哪裡。

原來，這是一個高知識分子生活的社區，慣於接受「老師」、「教授」的稱呼，非常不喜歡「爺爺」這個稱呼，何況是「老」爺爺。所以，這次詢問的失敗歸咎於稱呼不當，語言技巧欠妥。

知識淵博的人是最容易面對的顧客，也是最易使推銷人員受益的顧客。面對這種顧客應該不要放棄機會而多注意聆聽他說話，這樣可以吸收各種有用的知識及數據。客氣而小心地聽著，同時，還應給予自然真誠的讚許。這種人往往寬宏、明智，要說服他們只要抓住要點，不需要太多的話，也不需要用太多的心思，僅此能夠達成交易，當然是理想不過了。

知識淵博的客戶舉止自然、大方、不拘束，他們是力量型的客戶，領導力強、追求效率、堅持到底、勇於冒險。這一類客戶需要代表公司或組織與社會各界聯絡溝通，參加各類社交活動，所以他們很講究姿態和風度，力求在任何場合做到舉止大方，穩重而端莊。不畏首畏尾、扭扭捏捏，不手忙腳亂、慌慌張張，也不漫不經心或咄咄逼人。他們非常注意自己的一言一行，坐立姿勢端正，行走步伐穩健，談話語氣平和，聲調和手勢適度，一舉手一投足都好像一個有內涵有教養的教授。透過與這類客戶接觸，讓人感到他們所代表的企業和團體可靠而成熟。

這類客戶深思熟慮、善於分析，嚴肅，有目標，追求完美，有責任心。所以對事情的來龍去脈要求詳細、周全、細節化，他們認為，如果過程準備充分，結果一定是完美的。

此類客戶，對新產品常持懷疑態度，第一次進新產品時總是仔細詢問，多方打聽。希望商品品質好、價格適中，不易受花俏的包裝和廣告的影響，注重價廉物美。這類型客戶人生經歷豐富，在與其打交道之前，要熟悉對方的脾氣，語氣要表示敬重。介紹產品要有耐心，做到簡單、明確、中肯，避免誇誇其談。準備詳細的數據資料，以及相關的細節，同時對客戶不知道的部分也要充分準備。

知識淵博型的客戶，希望別人肯定他的能力，即使與工作無關，也能夠成為你與他建立友好橋梁的機會。這就需要發揮心思細膩的特點，觀察他們最得意的方面，如穿衣品味，愛好興趣，工作態度，辦事效率甚至他那讓人羨慕的健康等等，哪怕是不經意的一句話，都能表明你對他的關心。

很多時候，知識淵博型客戶抨擊他人只是為了證實自己的能力。比如他說你在電腦方面很笨，而他的確在這方面是個行家，那麼與其和他爭辯你在這方面並不外行，倒不如承認他的特長和能力，這既會平息衝突，也會讓對方在感覺你的低調處理的同時有所歉疚收斂。讓人三分不為懦。退一步，即使他只想炫耀什麼，那麼適當的捧他一下，又有什麼壞處？

知識淵博型的客戶對別人要求嚴格，對自己也要求嚴格。總體講他們是內向的思考者，由於敏感，他們往往會盡快地發現一些問題。

08 對好奇心強的人推銷口才

有的顧客對待任何新事物都有一種好奇心，就像有某種不可抗拒的力量在驅使他，驅動他去了解這些新事物，對於推銷的商品他也帶著極大的興趣去了解其效能、優點及與之有關的一切情報。

這類顧客態度認真、大方、有禮貌，對於商品所提的問題的情形，就好像一個不懂事的孩子問一個知識淵博的老人，這樣的顧客常使推銷員無法拒絕對他所提的問題的解答，這類顧客表現比較積極主動，就好比推銷員與他扮演互換的角色。

這類顧客只要貨物商品能滿足他的需要，他喜歡這種商品，那麼他們就是一個好的顧客。可以驅動他的好奇而成交。

這類顧客比較單純、閱歷少，只要對他真誠、熱情主動，商品合他意，他就會高興地買下來。如果你再說優惠賣給他，他就會愉快地付款購買了。

不過這種人容易見異思遷，容易決定也容易改變。如果他已買了其他公司的產品，你仍有機會說服他更新，不過，即使他這次買了你公司的產品，也不能指望他下次還來做你的忠實顧客。

09 對演員型的人推銷口才

熱情是演員型的客戶的情緒特徵之一，這類客戶富有熱情，活潑、善於交際、積極樂觀、反應迅速、充滿創造力；在業務活動中待人接物始終保持熱烈的感情。熱情會使人感到親切、自然，從而縮短對方的感情距離，一起創造出良好的交流思想、情感的環境。但這類客戶有時也會顯得過分熱情，使人覺得虛情假意，而有所戒備，無形中就築起了一道心理上的防線。

演員型性格的客戶多屬外向型性格，為人坦率、爽直。具有這種性格的人，能主動積極地與他人交流，並能在交流中吸取對方的知識、觀點，增長見識，培養友誼。

幽默感是這類客戶的另一特徵，他們的言談風趣、幽默，能夠讓人覺得因為有了他們而興奮、活潑，並能讓人從他們身上得到啟發和鼓勵。演員型性格的客戶健談、情緒化、感情外露。因為他們做事是以人為主，所以和他們建立良好的個人關係非常重要。

這種類型的客戶追求品牌，求新、求奇、求美的心理較普遍。做決定會有衝動性，易受產品外包裝、廣告等外部因素的影響，對其價值較淡薄。對待此類客戶，迎合其心理，介紹新品種的新包裝、新特色。利用廣告強調品牌的流行性、前衛性。適當調整決策速度，以免客戶因快速決定而後悔。他們是屬於外向、多言、樂觀的族群，他們的存在會給世界帶來無窮的歡樂，他們對周圍的事物都抱以寬容和接受的態度而不苛求什麼。

10 對精明嚴肅的人推銷口才

有的顧客比較精明，並且具有一定的知識，也就是說文化水準比較高，能夠比較冷靜地思索，沉著地觀察推銷員。他們能從推銷員的言行舉止中發現端倪和問題，他們就像一個有才能的觀眾在看戲一樣，演員稍有一絲錯誤都逃不過他們的眼睛，他們的眼裡看起來空蕩蕩的，有時能發出一種冷光，這種顧客總給推銷員一種壓抑感。

這種顧客討厭虛偽和造作，他們希望有人能夠了解他們，這就是推銷員所能攻擊的目標。他們大都很冷漠、嚴肅。雖然與推銷員見面後也寒暄，打招呼，但看起來冷冰冰的，沒有一絲熱氣，沒有一絲春風。

他們對推銷員持一種懷疑的態度。當推銷員進行商品介紹說明時，他看起來好像心不在焉，其實他們在認真地聽，認真地觀察推銷員的舉動，在思索這些說明的可信度。同時他們也在思考推銷員是否是誠實的，有沒有對他裝神弄鬼，這個推銷員值不值得信任。

這類顧客對他們自己的判斷都比較自信，他們一旦確定推銷員的可信度後，也就確定了交易的成敗，沒有絲毫的商量餘地。

這類顧客大都判斷正確，即使有些推銷員有些膽怯，但很誠懇、熱心，他們也會與你成交的。

對付這類顧客有兩種方法：一是實打實地來，該是幾就是幾，對其真誠、熱心，商品品質好，使之無話可說，對你產生信任。二是在某一方面與之產生共鳴，使他佩服你，成為知己朋友，這樣他們對於朋友也是很慷慨的。

11　對年輕顧客的推銷口才

年輕顧客是緊跟時代步伐的一類顧客。他們有新時代的性格，是隨著新時代的潮流前進的顧客。這類顧客都有一種追趕時代的特點，他們大都愛湊個熱鬧，愛好時尚，只要是現代流行的商品，他們就要買，抓住這一點，推銷員就有必勝的把握。

這類顧客比較開明，比較開放，正是易於接受新生事物的時候，他們好奇心強，且興趣廣泛。這些對於推銷員來說也是極有利的，因為可抓住他們好奇心，動員其購買。

這類顧客比較容易親近，談的話題也比較廣泛，與他們交談比較容易。

由於這類顧客的抗拒心理很少，只是有時沒有閱歷而有些恐慌，只要對他們熱心一些，盡量表現自己的專業知識，讓他多了解一些這方面的問題，他們就會放鬆下來，與你交談了。

對付這類顧客，要在進行推銷說明時，激發他們的購買欲望，使他們知道這種商品很熱門、很時尚。

對付這類顧客，你可以在交談中，談一些生活情況、情感問題，特別是未來的賺錢問題，這時你就可以刺激他的投資思想，使之覺得你這次交易是一次投資機會，一般這些顧客是會被說動的。

對待這些顧客，要親切，對自己的商品有信心，與他們打成一片。只是在經濟能力上，要盡量為他們想辦法解決，在這方面，不要增加他們心理上的負擔。

12 對中年顧客的推銷口才

中年顧客一般都已有了家庭，有了孩子，也有了固定的職業，他們要盡量地為自己的家庭而拚搏，為自己的孩子而賺錢，為了整個家庭的幸福而投資。

他們都有一定的閱歷，比青年人沉著，冷靜，比青年人經驗豐富、有主見，但缺乏青年人的生機、青年人的夢想、青年人的活躍。

中年顧客各方面的能力都比較強，正是一個人能力達到巔峰的時候，欺騙和矇蔽對這類顧客是很困難的，不過只要你真誠地對待他們，交朋友則是機會，他們喜歡交朋友，特別是知己朋友。

對付這樣的顧客不要誇誇其談，不要顯示自己的專業能力。而要認真地親切地與他們交談，對於他們的家庭說一些羨慕的話，對於他們的事業、工作能力說一些佩服的話，只要你說得實實在在，這些顧客一般都樂於聽你的話，也願與你親近。

這類顧客由於有主見，能力又強，不怕推銷員欺騙他們，所以只要推銷的商品品質好，推銷員態度真誠，交易的達成是毫無疑問的。

這類顧客，對於你的推銷語言不會太在意，他們要求實實在在，對他們不需要運用什麼計謀。不過這些顧客都愛面子，所以推銷員可抓住他們的這一點進行推銷，可以引誘他們說出某些話，然後讓他們收不回去，想收回去就得買你的商品，這樣，交易就成功了。

13 對老年顧客的推銷口才

老年人大都是比較孤獨的人，他們的樂趣大都來自於過去和自己的子孫們。於是特別愛與青年人交談，並且交談時間很長。

老年人愛倚老賣老，大都偏激、固執、愛面子，即使他們錯了也不認錯，會錯上加錯。特別是偏激，死抓住一條理由來判斷事物的各個方面，並且很固執，自己說什麼就是什麼，死不改口。

老年人腦子已經轉動不靈，有時犯糊塗，他們也知道這一點，所以他們對人的做法總是信疑各半。

老年人喜歡別人稱讚自己兒孫滿堂，喜歡別人稱讚自己的子孫有出息，喜歡別人稱讚和交談自己得意的事。

推銷員要多稱讚老年顧客的當年的功績，多提一些他們子孫的成就，盡量說些他們引以自豪的話題，這樣可使顧客興奮起來，積極起來，對於你的推銷有一個好的氣氛。

對付老年顧客有兩點禁忌：一是不要誇誇其談，老年人一旦覺得一個人輕浮，不可靠，也就不會信任他。交易也就會以失敗而告終。第二就是不要當面拒絕他，或當面說他錯。

六、柔性軟語，推銷出奇

01 準確找到客戶的興趣按鈕

誰都知道推銷時要談論顧客感興趣的話題，但我們怎樣才能知道哪些話題是顧客感興趣的呢？我們可不可以找到顧客興趣的按鈕，輕鬆自如掌控談話內容。楊玉欣在一次商業聚會上偶爾得知一個規模較大的彎管接頭公司總經理甯先生想換一輛新車，但由於生性節儉，所以遲遲沒有行動。正好今天有空，楊玉欣決定前去一試。

順利地來到總經理辦公室的門口，楊玉欣整整衣衫，深吸一口氣，調整面部表情，覺得自己看上去溫和自然而精神極佳時，便舉手輕輕叩門。

「請進。」一個沉穩的男中音。

楊玉欣推門進去，只看到辦公桌後頭髮梳得一絲不苟的腦袋 —— 甯總經理並沒有抬頭。也許祕書小姐早就通報了是一名汽車推銷員而已，甯總經理只是埋頭於他手中的一堆數據。

楊玉欣並沒有耽擱時間，走了幾步，開口說：「甯總您好，我是業務員楊玉欣，有幸為您效勞，介紹各種款型的汽車。」說完，雙手遞上名片。

「又是一個來推銷的，都以為我自己沒主意嗎？」甯總經理終於抬起頭，但看上去滿臉的不耐煩，瞥一眼那張名片並隨手放在桌子上。

楊玉欣想解釋：「是……」

但馬上就被甯總經理打斷了：「妳已是今天的第三個推銷員了，猜想不會有什麼新意。我很忙，有許多事情要做，不可能聽妳胡扯，還是先請吧。」

楊玉欣還想努力：「稍稍打擾您一會兒，請讓我自我介紹一下好嗎？我來是想和您約個時間。您方便的時候，只要20分鐘就夠。」

甯總經理提高了一個聲調：「沒聽見說我沒時間嗎？」也許他看資料遇到了不順心的事，或者因為被打斷思路而惱怒了，早就失去了平日的沉穩。

楊玉欣語塞了，心情也陰暗下來，正想告辭時，瞥見辦公桌的角落上放了3個小小的彎管接頭，靈感來了。她仔細地看著這幾個產品，足足一分多鐘目不轉睛。

已經埋首資料堆的甯總經理忽然覺得面前的人還沒走，抬起頭來正待不耐煩地發話，看到楊玉欣專注的目光，不由地把已到嘴邊的話嚥回去了。

楊玉欣當然注意到這個細節了，馬上不失時機地問道：「您製造這些？」

「沒錯。」甯總經理頓了一下答道。顯然因為一個外行人注意他的產品而引起了他的好奇。他對楊玉欣打量起來，目光也有了交流，變得和善。

「您做這一行多少年了？」楊玉欣挑選起話題。

「哦，好幾年了吧。」甯總經理深有感觸，手裡的資料也完全放下了。

「您是如何開始您的事業的呢？」楊玉欣一副好奇關注的神情。

甯總經理顯然對眼前這位年輕女孩有了十分的好感，他背靠椅子，看起來神態可親，開始了話題：「說起來話就多了。17 歲那年我就開始在一家工廠工作，沒日沒夜地苦幹 10 年，後來終於自己開了這家公司。」

「您是本地人嗎？」覺得口音與自己相似，楊玉欣進一步尋找親近機會。

「哦，不是，我是 T 縣的。」

「那我們是老鄉啊，我也是從 T 縣過來工作的。您開這個公司一定要不少資金吧？」

甯總經理微笑起來：「我靠十萬元起家，做了幾十年，資產上千萬了。年輕人，好好做，是不愁飯吃的。」

「您的產品生產過程肯定很有意思。」楊玉欣聰明地繼續著溝通。

「確實有意思！我的工廠日產 10 萬隻彎管接頭，300 多個品項，很多還出口到中東地區。你別小看了這小小的彎管接頭，自來水管沒它，無法通水；輸油管道沒它，無法輸油。我為自己的產品感到自豪！」

說著，甯總經理還起身走到楊玉欣身旁，道：「我可以帶妳看看這些產品是怎麼製造出來的，只是要經過煉鐵爐這樣的高溫環境，妳願意嗎？」

「非常樂意。」楊玉欣一副興趣盎然的樣子。

然後，寧總經理陪著楊玉欣參觀了一遍工廠。就這樣，兩個人親密起來，甯總經理對這位年輕女孩甚是關照，不僅買一輛別克，後來楊玉欣改行做保險時，還買了好幾份保險呢。楊玉欣賺了錢，還賺了一位朋友，更賺了一個推銷的竅門。

02 用售前服務來創造銷售

玫琳凱高階化妝與護理品牌在國際已經很著名了，這個品牌的創始人就是玫琳凱（Mary Kay Ash）女士。多年之前，她的創業也經歷了一番苦鬥。當她事業取得了一定成績之後，在自己的一個生日，她想換一輛新汽車，作為自己的生日紀念，她現在開的車已經很老舊了。

她就開著這輛舊車去了福特汽車的銷售中心，想買一輛黑白相間的福特車，她現在開的就是福特車。

進了福特展示中心，接待她的業務員看她開著老舊的車子，猜想她買不起新車，所以就不願意在她身上浪費時間。當時恰好是午飯時間，業務員說他要赴一個午餐約會，就藉口先走了。

玫琳凱女士當時急著購買新車，就沒有把業務員的態度放在心上，她要求見一見經理。但是經理不在，要到一點才能回來。

玫琳凱只好悻悻地告辭，恰好對街就是Mercury（水星）的汽車展示中心，她就順便進去看看。

這時候，她還想購買一輛福特車。

一進展示廳，她就看見一輛黃色的轎車，她很喜歡這輛車，但是，價格超過了她的預算。

這時，有一位業務員過來招呼她，那位業務員看來彬彬有禮，熱情中透著誠懇，談吐不俗，舉止得體。閒聊中，玫琳凱告訴那位業務員說，今天買車是為了慶祝自己的生日。業務員祝她生日快樂，然後說，請原諒，他告退一分鐘，請玫琳凱女士千萬別走，他馬上就回來。

果然，業務員在一分鐘之後回來，他們繼續友好地交談，15分鐘之後，有位祕書小姐帶來一打玫瑰交給業務員，業務員把玫瑰遞到玫琳凱面前，熱情地說：「祝妳生日快樂！」

「天哪，」玫琳凱被深深感動，「我太感謝，太驚喜，太意外了。」下面不用說，玫琳凱買了那輛她很喜歡的黃色轎車，雖然超出了預算，但她非常滿意。

03 憑著服務精神創造訂單

東西都是一樣的東西，人們只是從他們喜歡的人那裡買東西。一切為顧客著想，為他們解決實在的問題，顧客自然就會喜歡你。賴特是紐約的一位成衣製造商，他打電話給保險公司，說自己的 10,000 元保險立即停保，要求保險公司退款。如果這樣的話，這張保單只值 5,000 元，有好幾位業務員都跟賴特說，你現在這樣做很不划算。他們這樣想，這樣說，也是為客戶考慮，似乎並沒有什麼問題。但是賴特卻還是堅決要求退保：「不必囉嗦，把 5,000 元還給我就是啦！」

高登——公司的業務高手之一——正在跟該區的業務經理聊天，這時，一個業務員進來請經理簽支票，好支付給紐約的賴特。

經理簽了支票，他搖頭說：「這個紐約保戶，真拿他沒辦法，既頑固又不講理。」

高登問：「我很有興趣知道到底出了什麼事？」

「這位老兄，一定要把保單退掉，堅持收回現金，即使這樣做損失 5,000 元。」

高登一聽，來了興趣，說：「我明天恰好要去紐約，我順便幫你們送去這張支票如何？」

「那太感謝了，我們是求之不得。但是，老兄，您這是在給自己找麻煩呀！他在電話裡口氣就好像要殺掉我才罷休似的，這個人好像恨極了保險業務員，只好給您一句忠告：不必浪費時間去說服他。」

高登當即打電話給賴特，賴特要高登把支票寄過去。但高登堅持把支票親自送過去，賴特也就同意了。雙方談妥了見面的時間。

高登的前腳剛踏進賴特的客廳，賴特就開口要支票。高登說：「您能不能給我 5 分鐘的時間，我們談一談？」賴特一聽就大聲說：「你們這些人都是這個樣子，談、談、談，不停地談。你知道我等這一筆錢，等得有多急嗎？我告訴你，我已經等了三個禮拜啦！現在還要耽擱我 5 分鐘！告訴你，我沒有時間跟你耗。」

從這裡開始，賴特大罵以前所有聯絡過的業務員，連高登也罵了進去。高登仔細地聽著他的高聲辱罵，有時還附和他幾句。他這樣的態度讓賴特倒感覺不好意思，漸漸地，他停了下來。

在賴特口不擇言時，高登已經知道，他肯定是遇到什麼急事，急著用現金。因為，作為商人的賴特，不會不知道放棄保單意味著多大的損失，但他還這樣強烈地要求，必定有他的原因。

等賴特安靜下來的時候，高登說：「賴特先生，我完全同意您的看法，實在抱歉，我們沒能提供最好的服務，敝公司實在應該在接到您的電話後 24 小時內，就把支票送來。我把支票帶來了，有一點我不得不說明，您在這時候停保，損失很大，這是您要的錢，請收下！」

賴特收下支票，說：「你說的不錯，我要退保，就是為了要拿到這 5,000 塊錢，好周轉我的資金，你們公司就是不能爽快地把欠我的還我，哼！既然支票已經拿來了，現在你可以走了。」

高登沒有就走，他說出來一番話，讓賴特大吃一驚：「您只要給我 5 分鐘的時間，我就告訴您如何不必退保，而且還能拿到 5,000 塊錢。」

「別騙我！」賴特雖然不相信，但是還是忍不住想知道，「說吧，我看你還有什麼把戲。」

「如果您把保單做抵押向本公司借 5,000 塊錢的話，只需要付出 5%的利息，而保單繼續有效，並且，在此種情況下，如果發生什麼意外的話，本公司仍然付 5,000 塊賠償金給您。這樣您不但可以拿到救急的錢，還可以擁有您的保險。」

賴特一聽這個辦法，立即就對高登說：「謝謝您，這是支票，麻煩您幫我辦理這個業務。」

就這樣，高登挽救了 10,000 元的保單，原因在於，他是抱著服務客戶的準則來處理這事情的。一般的業務員，只是告訴賴特，「你放棄保單會遭受損失」，賴特也知道這個，難道他錢多得要給保險公司送錢嗎？這個資訊是無用的資訊。

而高登的辦法是要找到賴特放棄保單的真正原因，找到原因之後，想辦法幫他解決，這就是服務的精神。半年以後，高登又去拜訪賴特，賴特的財務危機已經過去。高登為賴特詳細規劃了一下他的保險問題，贏得了賴特的認同，賴特欣然買下一張 20 萬元的保單。在隨後的半年裡，高登又賣給賴特兩筆抵押保險，以及一筆意外險。又過了半年，賴特第二次從高登那裡購買了一筆人壽大單。而這一切，都是因為高登的服務精神。

04 不要吝惜你的讚美之詞

對任何人都不要吝惜你的讚美。因為他是上帝的福音，是接近人與人之間距離的融合劑。喬治・伊斯曼因發明了感光膠卷而使電影得以產生，他累積了一筆高達 1 億美元的財產，從而使自己成為世界上最有名望的商人之一。

伊斯曼曾經在曼徹斯特建過一所伊斯曼音樂學校。同時，為了紀念他母親，還蓋過一個戲院 —— 基爾伯恩劇場。當時，紐約高階座椅公司的總裁詹姆斯・亞當森想得到這兩幢大樓的座椅訂貨生意。他和負責大樓工程的建築師通了電話，約定在曼徹斯特拜見伊斯曼先生。

在見伊斯曼之前，那位好心的建築師向亞當森提出忠告：「我知道你想爭取到這筆生意，但我不妨先告訴你，如果你占用的時間超過了 5 分鐘，那你就一點希望也沒有了，他是說到做到的，他很忙，所以你得抓緊時間把事情講完就走。」

亞當森被帶進伊斯曼的辦公室，伊斯曼正伏案處理一堆檔案。

過了一會兒，伊斯曼抬起頭來，說道：「早上好！先生，有事嗎？」

建築師先為他們雙方作了引見，然後，亞當森滿臉誠意地說：「伊斯曼先生，在恭候您的時候，我一直很羨慕您的辦公室。假如我自己能有這樣一間辦公室，那麼即使工作辛勞一點我也不會在乎的。您知道，我從事的業務是房子內部的木建工作，我一生還沒有見過比這更漂亮的辦公室。」

喬治．伊斯曼回答說：「您提醒我記起了一樣差點已經遺忘了的東西，這間辦公室很漂亮，是吧？當初剛建好的時候我對它也是極為欣賞。可如今，我每來這裡時總是盤算著許多別的事情，有時甚至一連幾個星期都顧不上好好看這房間一眼。」

亞當森走過去，用手來回撫摸著一塊鑲板，那神情就如同撫摸一件心愛之物，「這是用英國的櫟木做的，對嗎？英國櫟木的組織和義大利櫟木的組織就是有點不一樣。」

伊斯曼答道：「不錯，這是從英國進口的櫟木，是一位專門和木工打交道的朋友為我挑選的。」

接下來，伊斯曼帶亞當森參觀了那間屋子的每一個角落，他把自己參與設計與監造的部分一一指給亞當森看。他還開啟一個鎖上的箱子，從裡面拉出他的第一捲底片，向亞當森講述他早年創業時的奮鬥歷程。

伊斯曼情真意切地說到了孩提時家中一貧如洗的慘狀，說到了母親的辛勞，說到了那時想賺大錢的願望，講了怎樣沒日沒夜地在辦公室做實驗等等。

「我最後一次去日本的時候買了幾把椅子運回家中，放在我的玻璃日光室裡。可是陽光使之褪了色，所以有一天我進城買了一點漆，回來後自己動手把那幾把椅子重新油漆了一遍。你想看看我漆椅子這工作做得怎樣嗎？好，請上我家去，我們共進午餐，飯後我再給你看。」當伊斯曼說這話的時候他們已經談了兩個多小時了。吃完午飯，伊斯曼先生給亞當森看了那幾把椅子，每把椅子的價值最多只有 1.5 美元，但伊斯曼卻為它們感到自豪，因為這是他親自動手油漆的。對伊斯曼如此引以為榮的東西，亞當森自然是大加讚賞。最後，亞當斯輕而易舉地取得了那兩幢樓的座椅生意。

05 做一個十足的愛心推銷員

茱麗是美國德克薩斯州某保險公司的女性保險理財員，她是一位愛心天使。每當她的顧客發生意外時，她都會第一時間做電話拜訪。一天，她的一名客戶居住的大樓發生火災。這位顧客在茱麗手中買過一份人壽保險，但沒有買財產保險。這次這位客戶發生火災，她擔心顧客的財產受到很大的損失。她知道顧客沒有買財產保險，這次火災一定讓這位客戶壓力重重。

茱麗趕緊打電話拜訪，她的第一個問題是：「你們每個人都沒事吧？」

第二個問題是：「您有重大的財產損失嗎？」

第三個問題是：「都怪我不好，當時沒有堅持要求您購買財產保險，以至今天我不能幫您減少損失，為您分擔經濟壓力。我今天只能為您分擔精神壓力。」

第四個問題是：「面對您的遭遇和處境，我非常焦急，也非常心痛，我會盡快趕到您的身邊。」

第五個問題是：「這一次，我再也不會拖延自己了，我一定要為您設計一份完善的財產保險，使您的家人一生平安幸福。」

茱麗接著以發問的方式讓顧客了解，她的公司平均可代表火災保戶多爭取到 30%的火險損失賠償，而她的公司只收取 10%的費用，同時保證若得不到足夠彌補客戶損失的理賠金額，她的服務分文不取。

最後，這位顧客在感懷茱麗的情況下，買了一份財產保險。

06 微妙之道：無聲勝有聲

有時候，聽比說更為重要。上帝創造兩隻耳朵、一張嘴，也許就是暗示人們少說多聽。有一次，一位推銷員帶著經理去見一位生性木訥的老闆，這位老闆是個紙張批發和生產業的頭面人物。他從做推銷員起步，經過不懈的努力成了紙張批發商，以後又創辦了自己的造紙廠，他是造紙業中最受尊敬的人物之一。他還是一個很少說話的人。

相互介紹後，他們開始談正事。經理向他講解他所擁有的地產和生意與稅收之間的關係，在聽的過程中他看都不看經理，自然經理也看不見他臉上的反應，他是否在認真聽也就無從知道。在這種情況下經理講了三分鐘，然後就停了下來，這似乎是一種窘迫的沉默。經理靠在椅背上等著。

對那個陪經理一同來的推銷員來說，這段時間太長了，這情形使他如坐針氈。他怕經理在這樣重要的人物面前失敗，他必須打破僵局，於是他要開始說話了。見此情形經理真恨不得在桌下踢他一腳。經理向他搖頭示意讓他停下來，所幸他明白了經理的意思，沒再說下去。

就這樣又窘迫地沉默了一分鐘，那位老闆抬起頭，他看經理正舒服地仰靠在椅背上等著他說話。

他們對視著，都希望對方開口。事後那個推銷員對經理說他從沒見過這樣的場面，簡直沒辦法理解當時的情況。隨後那位老闆打破了僵局。經理知道只要你等的時間夠長，對方總是先打破僵局。通常他是一個不善言談的人，可這次他說了足足有半個小時。在他說的時候，經理盡量不插嘴讓他說。

他說完了。經理說：「老闆，您告訴了我一些非常重要的資訊，您所談及的事比大多數人更有思想。我來此最初的想法是在幫您這樣一位成功人士解決問題的，可透過您的談話得知，您已為解決這些問題花了兩年時間。即便如此，我還是願意花些時間來協助您進一步把問題解決得更好，下次我再來的時候，我一定帶些新主意來。」這位經理得知老闆真正需要什麼，再加一些有針對性的問題，就讓他了解事情的全貌了，也就知道老闆到底想要什麼。這次見面給經理帶來了一單大生意。

07　賣產品，不如賣自己

行銷界有句這樣的格言：人們不是在買你的商品，而是在買推銷商品的人。因此，將自己推銷給顧客才是成功的關鍵所在。壽險推銷員小馬透過朋友介紹，寄了一封信給一位年輕的建築師。他正在處理幾個重要專案，他的事務所是本城最有前景的機構之一。

那位年輕的建築師看了小馬的信，在會見小馬時，他優雅地表示說：「如果你信中所提到的就是為你們公司的保險作介紹，那麼我就絲毫不會感興趣。恰巧一個月前我已買了許多保險了。」

他的言談話語中帶著不可更改的意思，小馬感覺到此人很固執。可小馬還是十分希望能更了解他，所以小馬提出了第一個問題。

「××× 先生，您是什麼時候開始從事建築業生意的？」

建築師的回答小馬耐心地傾聽了 3 個小時。後來他的祕書拿來幾張支票讓他簽署。女祕書在離開時一言不發地上下打量了小馬一番。小馬只是平靜地看著建築師。

在小馬離開建築師時，小馬已經透澈地了解他的希望、努力和事業。在後來的一次面談中他對小馬說道：「我簡直不知道為什麼要告訴你那麼多，你現在所知道的比任何人都多，甚至比我妻子知道的還多。」

小馬相信那天建築師發現了以前所不了解的自我，他以前從未透澈地了解自己的內心世界。

小馬感謝建築師對自己的信任，告訴他自己在仔細考慮和研究他所告訴的一切。兩週後小馬提出了一份保險計畫和兩份相關文件。那天正好是平安夜，小馬下午 4 點離開了公司，帶著給建築師 100 萬元的保險合約，此外還有給副總裁的 100 萬元以及行政總監 25 萬元的保險合約。這是小馬和建築師成為摯友的開始，在後來的十年裡小馬和他們之間的保單金額達到了 750 萬元。

08 熱情——最好的推銷利器

羅伯特．蘇克是一個十分棒的保險推銷員，後來創辦了美國經理人保險公司。有一次，他手下有一個叫比爾的推銷員當著大夥的面，抱怨自己負責的那塊地盤不好。他說：「我逐一訪問了那個地區的20個推銷對象，但一個也沒成功。所以我想換個地盤試試。」

羅伯特則不以為然，他說：「我認為並不是地盤不行，而是你的心態不行。」

「我敢打賭，沒有人能在那個地區做成買賣。」比爾固執地說。

「打賭？」羅伯特說，「我最喜歡接受挑戰！我保證一週之內，在你那20個名單目錄中做成至少10樁買賣。」

一週後，羅伯特當眾打開公事包，就像變魔術似的，大會議桌上一口氣排出16份已簽的保險合約單！大家驚呆了。

「你到底是怎麼做的？」比爾問。

「當我去拜訪每一位客戶時，先自我介紹：『我是保險公司的推銷員。我知道，比爾上個星期來過一趟。但我之所以再來拜訪你，是因為公司剛剛發表了一套新的保險方案，和以前的方案相比，它將給客戶帶來更多的利益，而且價格一點也不變。我只想占用你幾分鐘時間，給你解釋一下方案的變動情況。』」

「在他們還來不及說不時，我就先取出我們的保險方案——其實還是以前的那本手冊，只不過我重新又抄了一遍而已。我也是先逐條解釋保險條款，只不過我傾注了極大熱情。關鍵處我便加重語氣強調：『你看好了，這是新增條款……現在你該明白兩者的區別了吧？』每次客戶都回答：『不錯，還真和上次的不一樣。』」

「我接著說：『再看看這條，這又是一個全新條款。你認為這條怎麼樣？』客戶再次回答：『真是有些不一樣！』」

「於是我繼續解釋下去：『尤其注意下面這條，這可是一條最讓人激動的條款！……』」

「就這樣，我滿腔熱情地向他們推銷。當所有保險內容都解釋完之後，客戶已經被我的熱情所感染，變得和我一樣興致勃勃，每個人都非常感謝我帶給了他們全新的保險方案——即便是那4個沒簽保險合約的客戶也是這樣。」

09 傾注熱情的行銷話術

熱情的人像陽光，從外到內都能感覺到他所煥發出的熱度。有一次，一位推銷員來拜訪拿破崙．希爾（Napoleon Hill），希望希爾訂閱一份《星期六晚郵報》。他把那份雜誌拿到希爾面前，暗示了希爾應該如何回答他的這個問題：「你不會為了幫助我而訂閱《星期六晚郵報》吧，是不是？」

當然拿破崙·希爾一口拒絕了。因為，他的話中沒有熱忱做後盾，他的臉上充滿陰沉及沮喪的神情，他急需從希爾的訂費中賺取他的佣金，這是不容懷疑的。但是他並未說出任何足以打動希爾的理由，因此，他無法做成這筆交易。

幾個星期之後，另一位推銷員來見希爾。她一共推銷 6 種雜誌，其中一種就是《星期六晚郵報》，但她的推銷方法則大為不同。她看了看他的書桌，發現書桌上擺了幾本雜誌，然後，她又看看希爾，忍不住熱心地驚呼：

「哦！我看得出來，你十分喜愛閱讀書籍和各種雜誌。」

拿破崙·希爾很驕傲地接受了這項「指南」。當這位女推銷員剛走進來時，希爾正在看手中的一份文稿，這時候拿破崙·希爾把稿子放了下來，想要聽聽她將說些什麼。

用短短的一句話，加上一個愉快的笑容，再加上真正熱忱的語氣，她已成功地中斷了希爾的工作，使希爾準備好要去聽她說些什麼。她只用了那個短短的句子就完成了最困難的工作，因為在她當初走進書房時，希爾已經下定決心，絕不放下手中的文稿，僅以禮貌地向她暗示：自己很忙，不希望受到打擾。

然後，她問拿破崙·希爾：「你定期收到的雜誌有哪幾種？」希爾向她說明之後，她臉上露出了微笑，把她的那捲雜誌展開，攤放在希爾面前的書桌上，她一一分析了這些雜誌，並且說明希爾為什麼應該每種都要訂閱一份：《星期六晚郵報》可以讓人欣賞到最優美的小說；《文學書摘》以摘要的方式把新聞介紹給他，像他這樣的大忙人需要這種方式的服務；《美國雜誌》可以向他介紹工商界領袖人物的最新生活動態等等。

但拿破崙．希爾並沒有像她所想像的那般反應熱烈，於是她向他提出了這樣一項溫和的暗示：「像你這種地位的人物，一定要訊息靈通，知識淵博，如果不是這樣子的話，一定會在自己的工作上表現出來。」

她的話確實是真理。她的話既是恭維，又是一種溫和的譴責。她使他多少覺得有點慚愧，因為她已經調查過他所閱讀的材料，而那6種她推銷的暢銷的雜誌並不在他的書桌上。

接著，拿破崙．希爾開始「說溜了嘴」，他問她，訂閱這6種雜誌共要多少錢。她很巧妙地回答說：「多少錢？呀，整個數目還比不上你手中所拿一張稿紙的稿費呢。」

她又說對了。她怎能準確地猜出拿破崙．希爾的稿費收入呢？答案是，她並不是猜的——她早已知道了。她推銷方法的一部分，就是巧妙地引導對方把他的工作性質說出來。她走進拿破崙．希爾書房之後不久，他就把手中的稿紙放在桌上，她對此十分有興趣，因此，便誘導他去談論這方面的事情。在希爾談到自己的原稿時，曾經承認說這張稿紙可以使自己獲得60美元的收入。

於是，她離開時，便帶走了拿破崙．希爾訂閱6種雜誌的訂單，還有50美元訂報費。但這並不是她利用巧妙的「暗示」和「熱忱」所獲得的全部收穫。她徵得了拿破崙．希爾的同意，又到他的辦公室進行推銷，結果，她在離開之前，又招攬了希爾的五位職員訂閱她的雜誌。

當她停留在拿破崙．希爾書房的那段時間，一直不曾讓他留下一個印象：希爾訂閱她的雜誌是在幫她的忙。正好相反，她很自然地使他有了這個感覺：她是在幫助他。這是一種極為巧妙的暗示。

當這位聰明的女推銷員一進到希爾的書房，並說出那段開場白之後，希爾就從她身上感受到了那股熱忱。而且他深信，她的熱忱並不是偶然出現的。她已經訓練過自己，知道應該從客戶的辦公室中或是從對方的工作或談話中，找出某些她可以表現出熱忱的事物。

10　以「請教」促成交易的話術

羅斯福當紐約州州長的時候，完成了一項很不尋常的功績。下面只是他做的一件小事而已。

當一個重要職位出現空缺時，羅斯福就邀請所有的政治領袖推薦接任人選。「起初，他們也許會提議一個很差勁的人，就是那種需要『照顧』的人。我就告訴他們，任命這樣一個人不是好政策，大眾也不會贊成。」

「然後他們又把另一個人的名字提供給我，這一次是個老公務員，他只求一切平安，少有建樹。我告訴他們，這個人無法達到大眾的期望，接著我又請求他們，看看他們是否能找到一個顯然很適合這職位的人選。」

「他們第三次建議的人選，基本可以，但還不太理想。」

「接著，我謝謝他們，請求他們再推薦一個，而他們第四次所推舉的人就可以接受了；於是他們就提名一個我自己也會挑選的最佳人選。我首先對他們的協助表示感激，並還把這項任務的功勞歸之於他們。這樣，我們雙方的目的都能達到，對以後的事非常有利。」

長島一位汽車商人，利用同樣的技巧，把一輛二手汽車成功地賣給了一位蘇格蘭人，這位商人帶著那位「蘇格蘭佬」看過一輛又一輛的車子，但總是不對勁。這不適合，那不好用，價格又太高，他總是說價格太高。在這種情況下，他就停止向那位「蘇格蘭佬」推銷，而讓他自動購買。幾天之後，當有位顧客希望把他的舊車子換一輛新的時，這位商人就又打電話給「蘇格蘭佬」，請他過來幫個忙，提供一點建議，他知道有一部舊車子對「蘇格蘭佬」可能很有吸引力。

「蘇格蘭佬」來了之後，汽車商說：「你是個很精明的買主，你懂得車子的價值。能不能請你看看這部車子，試試它的效能，然後再告訴我這輛車子別人應該出價多少才合理？」

「蘇格蘭佬」的臉上泛起笑容，很高興地把車開了一圈又轉回來。「如果別人能以300元買下這部車子，」他建議說：「那他就買對了。」

「如果我能以這個價錢把它賣給你，你是否願意買它？」這位商人問道。果然事情出奇得順利，這筆生意立刻成交了。

一位X光機器製造商，利用這同樣的心理戰術，把他的設備賣給了布魯克林一家最大的醫院。那家醫院正在擴建，準備成立全美國最好的X光科。一位醫生負責X光科，推銷員整天包圍著他，他們一味地歌頌、讚美他們自己的機器設備。

然而，有一位製造商卻更具技巧。他見到這位醫生是這樣說的：

「我們的工廠最近完成了一套新的X光設備。這批機器的第一部分剛剛運到我們的辦公室來。它們並非十全十美，我們想改進它們。因此，如果你能抽空來看看它們並提出你的寶貴意見，使它們能改進得對你們這一行有更多的幫助，那我們將深為感激。我知道你十分忙碌，我會在你指定的任何時間，派我的車子去接你。」

「聽你這麼說我既覺得驚訝，又覺得受到很大的恭維。以前從沒有任何一位X光製造商向我請教。這使我覺得自己很重要。這個星期，我每天晚上都很忙，但是我還是決定推掉今天的晚餐約會，以便去看看那套設備。」醫生說完便隨這位製造商去看設備。醫生看得愈仔細，愈發覺自己十分喜歡它，最後醫生為醫院買下了那套設備。

安塞爾是鉛管和暖氣材料的推銷商，多年以來一直想跟布魯克林的某一位鉛管商做生意。那位鉛管商業務極大，信譽出奇的好。但是安塞爾從一開始就吃足了苦頭。那位鉛管商是一位喜歡使別人窘迫的人，以粗魯、無情、刻薄而著稱。他坐在辦公桌的後面，嘴裡銜著雪茄，每次安塞爾開啟他辦公室的門時，他就咆哮著說：「今天什麼也不要！不要浪費我的時間！走吧！」

然而有一天，安塞爾先生試試另一種方式，他用這個方式與鉛管商建立起了生意上的關係，交上了一個朋友，並得到可觀的訂單，事情是這樣的：

安塞爾的公司正在商談，準備在長島皇后區買一家公司。那位鉛管商對那個地方很熟悉，在那做了很多生意，因此那一次，當安塞爾去拜訪他時，就說：「先生，我今天不是來推銷什麼東西的。我是來請你幫忙的，不曉得你能不能擠出一點時間和我談一談？」

「我們的公司想在皇后區開一家公司，」安塞爾先生說，「你對那個地方了解的程度和住在那裡的人一樣，因此我來請教你對這點的看法。」

這位鉛管商立刻對他客氣起來：「請坐請坐」，他拉了一把椅子，接著一談就是一個多小時，他詳細地解說了皇后區鉛管的特性和優點，他不但同意那個分公司的地點，而且，還告訴安塞爾一個批發鉛管公司應如何去展開業務，怎樣才能做得更好，另外，他還把家務的困難和夫婦不和情形也向安塞爾先生訴苦一番。

「那天晚上當我離開的時候，」安塞爾先生說，「我不但口袋裡裝了一大筆的訂單，而且也建立了堅固業務友誼的基礎。這位過去常常吼罵我的傢伙，現在常和我一塊打高爾夫球。這個改變，都是因為我請他幫個小忙，而使他覺得有一種我是『重要人物』的感覺。」我們來看一封肯．戴克的信，並對他如何技巧地運用「請幫個小忙」的心理方法，來加以研究。

幾年以前，這位推銷員對於去函給商人、工程師、建築師，請他們提供數據卻總是無法得到他們的回信而深感苦惱。

在那個時候，他寫給建築師和工程師的信，得到回覆的達不到 1%。如果能夠達到 2%，就算很好了，如果達到 3%，那就是很了不起了。10%？那就要高興地大叫是奇蹟了。

但下面的這封信，卻得到了幾乎是 50%的回信……比奇蹟還要好五倍。而回來的信，有的竟長達兩三頁。信裡都充滿了善意的建議和合作的態度。

下面就是這封信，請你看看所應用的心理方式 —— 有些時候，甚至在遣詞用字方面也要注意到對方的心理。

當你閱讀這封信的時候，請特別注意字裡行間的意思，試著分析一下，得到這封信的那個人的心理反應會怎樣。找出它為什麼會製造出比奇蹟還要好五倍的成績。

杜先生大鑒：

愚弟目前面臨一項困難，不知能否敬請惠予協助？

一年以前，愚弟一再建議本公司，建築師最需要的東西之一是一本目錄，如此才能使建築師知道本公司所有整建房屋的建築材料，以及其零件的情形。

謹隨函附上印成的目錄 —— 為此類的第一本。

但是目前我們現有的資料，已經減少。當愚弟向本公司總經理報告這種情況時，他說不反對再印一版目錄，但必須愚弟先行提出滿意的數據，證明印成的目錄，確實發揮了功用才行。

因此，愚弟勢必要麻煩先生，不揣冒昧，敬請先生及全國各地的另外 49 位建築師，擔任這件事情的裁判。

為了易於提出數據，愚弟特在本函背後列出幾點問題。如先生能惠予賜答，以及如能再另行提出寶貴意見，再將此信投入附上已經貼好郵票的信封裡，愚弟將不勝感激，視為對愚弟個人的一項恩助。

當然，這不需先生負擔任何責任，而目錄之停印，或根據先生寶貴經驗和意見而加以修改再版，端視先生之裁定。不論如何，愚弟當感謝先生的合作。順祝大安。

這裡還有需要注意的地方。根據以往的經驗，有些人在看完這封信以後，就一成不變地運用了這種心理的方式，但他們過分注重大捧別人，而不是出自真心誠意，因而淪於阿諛之辭或違心之論。那樣，就不能收效了。記住，我們都希望得到別人的賞識和看重，都願意盡一切的努力去得到。但沒有人會喜歡違心之論和阿諛奉承之詞。

11　辭別時一定要保持風度

對推銷員而言，每個環節都很重要，不可厚此薄彼。特別是為推銷不成而告別顧客，更要保持風度，因為真正意義上的推銷是沒有任何時間、空間的限定的。喬·吉拉德反而認為，真正的推銷是從成交後開始的。有位推銷員在調查時得知，某位富人和鄰居、朋友均相處不來。他決定上門拜訪，一探究竟。

進門後，那位太太也不招呼，自顧自在佛壇前面念經。推銷員在一旁靜站了半個小時，那太太總算告一段落。接著，沒有什麼寒暄，那太太就對推銷員談起了宗教話題，氣氛十分凝重，尤其那太太一臉蒼白，陰氣森森，令人有些不敢領教。

推銷時，宗教話題本是一種禁忌，絕不能隨便肯定或否定，推銷員只好靜靜地聽著。雖然他一直想改變話題，但苦於沒有機會。

那位太太說了將近有一小時。當推銷員耐心聽完，小心翼翼地提出自己的來意時，那位太太並沒有因有所感激而改變臉色，依然是冷冷的，請推銷員馬上出去。

也許很多人都會在這種情況下生氣，憤怒而走，但推銷員已經使自己學會不對客戶發怒。正要輕輕離開時，想起那位太太蒼白的臉，仍舊體貼地加了一句：「也許您遇到了什麼不順心的事，下回我再來聽您說好了。」

沒想到那位太太愣了一下，突然發瘋似的，一把鼻涕一把眼淚地說：「您真是太好了。我為什麼會這樣呢？您不知道，家裡雖然有錢，但錢又有什麼用呢？事實上，我先生人品不佳，又神經衰弱，一遇到什麼不順心，就拿我出氣，對我拳打腳踢，使我生不如死……可這些，又有誰體會得到呢？沒有人關心我……」

推銷員用溫柔善意的目光注視著她，等她慢慢平靜下來。後來，推銷員有空就來聽她說說話，成為她信賴的人。推銷員為她設計了幾份保險，以備萬一。

12 必須注入真誠的話術

大量事實證明，說話的魅力並不在於你說得多麼流暢，多麼滔滔不絕，而在於是否善於表達真誠！有位教師寫了一本「思想政治工作方法」的書，出版社讓他推銷 1,000 冊。對他來說，這遠比講課要難得多。

為了把書推銷出去，他在學員中安排了一次演講，他說：「……當老師的在這裡推銷自己寫的書，總不免有些尷尬。不過，如今作者也很難，寫了書，還得賣書。出版社一下壓給我 1,000 冊，沒有半文稿費，所以我不推銷不行。這本書寫得怎樣，我自己不好評說。不過有兩點可以保證：第一，這本書是我用 3 年時間完成的，是我心血的結晶；第二，書的內容絕不是東拼西湊抄下來的，是我自己長期思考的見解。前不久，這本書被思想政治工作研究會評為社科類圖書的二等獎，這是獲獎證書。說實話，對於我們這些教書人來說，推銷比寫書還要難，只是硬著頭皮來找大家幫忙。不過，買不買完全自願，絕不強迫。如果覺得這本書對你有用，你又有財力就買一本，算是幫我一個忙。謝謝。」

他的這次演講立即產生了效果，一次就賣掉了 300 多冊。這位教師不是專職推銷員，但是他卻獲得了成功。從某種意義上說，他的成功就在於他恰到好處地表達了自己的真誠，贏得了聽眾的信賴。這再一次說明，在講話中學會表達真誠要比單純追求流暢和精采更重要。

13 任何時候都不要忘了顧客

很多目光短淺的推銷員，一旦與顧客交易成功，就將顧客拋之腦後。而卓越的推銷員，任何時候都不會忘了老顧客，因為他們深深知道顧客是他們寶貴的資源與財富。幾年前有位行銷顧問買了間大房子，儘管他非常喜歡，可畢竟價格不菲，所以他在付款之後一直想自己是不是犯了個錯誤。從此一直為此感到有些憂鬱。顧問和家人搬進新居兩三週後，賣給他房子的房仲打來電話說要來看他，他不禁有些好奇。

一個星期六的早上，房仲來了，一進門就開始向顧問祝賀，說顧問明智地選擇了一座好房子。他講了不少當地的小故事給顧問聽，後來他帶著顧問在房子附近走了一圈，告訴他這房子為什麼與眾不同，而其他那些房子的主人中有些還是相當有名的。他的一番話確實讓顧問覺得自豪，這位房仲此時所表現出的熱情甚至超過了當時出售房子的時候。但他所表現的熱情並不過分，因為他畢竟是在談論自己的房子。

房仲的到訪使顧問放下心來，他感到很開心。從此以後他們的關係遠遠超出了一般的買賣關係。他們成了朋友。

他這次來訪用了整整一個上午，他本可以用這段時間來發展新客戶。但一個星期之後，顧問的一位摯友對他旁邊的一間房子很感興趣，自然顧問就把他介紹給那位房仲。雖然顧問的朋友沒有買那間房子，但房仲替他選了一處更好的。

顧問在行銷培訓課程中，就這件事進行過一次演講，第二天一位聽眾講了他的故事給顧問聽。

「一天早上，一位上了年紀的婦人來到我們商店，看中了一枚鑽石胸針。後來她開支票買了一枚。就在我包裝時，我想起了你講的故事。我把胸針遞給她後，和她聊了許多除了買賣之外的話。我告訴她我也很喜歡這枚胸針，還告訴她胸針上的那顆鑽石出自南非最大的鑽石礦，這是我們商店裡最好的鑽石，希望她能喜歡。

她聽完我的話感動得流下了熱淚。她說她一開始還擔心那顆鑽石是不是真的值那麼多錢，聽我一說就放心了。我把她送出了商店，真誠地對她表示感謝，希望她能再次光顧。一個小時後她就帶來了另一位顧客，原來她們兩人住在一個飯店。她向我介紹了同來的朋友，還說我就像她的親生兒子，要我陪著她的朋友在商店轉轉。雖然她沒有買什麼昂貴的東西，畢竟還是花了些錢。把她們送出了門，我想我又結識了兩個新朋友。」

14 互利雙贏的推銷話術

「雙贏」的思想樹立得有多牢，你的生意就能做多大。有一位汽車金牌推銷員，剛開始賣車時，老闆給了他一個月的試用期。29 天過去了，他一部車也沒有賣出去。最後一天，他起了個大早，到各處去推銷，到了下班時間，還是沒有人肯訂他的車，老闆準備收回他的車鑰匙，告訴他明天不用來公司了。這位推銷員堅持說，還沒有到晚上十二點，他還有機會。於是，這位推銷員坐在車裡繼續等。午夜時分，傳來了敲門聲。是一個賣鍋者，身上掛滿了鍋，凍得渾身發抖，賣鍋者看見車裡有燈，想問問車主要不要買鍋子。推銷員看到這個傢伙比自己還落魄，就請他坐到自己的車裡來取暖，並遞上熱咖啡。

兩人開始聊天，這位金牌推銷員問：「如果我買了你的鍋，接下來你會怎麼做？」

賣鍋者說：「繼續趕路，賣掉下一個。」

金牌推銷員又問：「全部賣完以後呢？」

賣鍋者說：「回家再背幾十個鍋出來接著賣。」

金牌推銷員繼續問：「如果你想使自己的鍋越賣越多，越賣越遠，你該怎麼辦？」

賣鍋者說：「那就得考慮買部車，不過現在買不起……」

兩人越聊越起勁，天亮時，這位賣鍋者訂了一部車，提貨時間是五個月以後，訂金是一個鍋子的錢。因為有了這張訂單，推銷員被老闆留下來了。

他一邊賣車，一邊幫助賣鍋者尋找市場，賣鍋者生意越做越大，三個月以後，提前提走了一部送貨用的車。這位推銷員在後來的 15 年間，賣了一萬多部汽車。

還有一位金牌推銷員為公司推銷一種廚房節能新產品。他到一個小區去推銷。腳踏車剛放進停車場時，就看到一位爺爺正準備從腳踏車上卸一袋稻米，於是趕緊幫他的忙，把稻米卸了下來。

當金牌推銷員得知他住六樓時，馬上幫助他把稻米扛上了六樓。他很客氣地請推銷員坐，並倒茶給推銷員喝。當他得知推銷員是來推銷廚房節能產品時，便讓他試一試，推銷員顧不上喝水，馬上做試驗。

爺爺看到推銷員推銷的產品確實能節能，並且使用方便時，馬上答應買兩個，一個準備送給他在外地的女兒。

15　與顧客心靈相通的話術

人是有理智有感情的高階動物，不同的消費者有不同的情況，加強推銷員和顧客的感情交流，真正做到心靈溝通是非常重要的。推銷員與各式各樣的顧客打交道，顧客的年齡、性格、職業、教育程度、收入的差異性，要求推銷員有較強的社交能力和靈活的處世方法，要求推銷人員有濃厚的人情味，從顧客的實際情況出發，從感情上征服顧客，因為感情之間的隔閡往往成為推銷商品的天然屏障。一位推銷員上門為顧客推銷化妝品，與女主人話不投機：

「我不需要什麼化妝品。」女主人說。

「有什麼理由嗎？」

「讓我說原因有點困難，況且我也不想說給妳聽，妳也解決不了我的問題。」

「那倒不一定，您不妨說出來看看。我推銷的這種產品確實不錯，很適合您這個年齡層的人使用，幾乎就是為您設計的。」

「我都老了，也沒有什麼心情打扮自己，請到別處推銷吧。」

「我看您心中肯定有什麼不愉快，是受委屈了吧？您買不買產品沒什麼，但這種心態可不好，這會影響您的工作、生活，也會影響您的健康。人不管遇到什麼挫折都要勇於面對，要微笑著生活才對，您說是嗎？」

女主人流下了眼淚，把自己心中的苦惱向她認為值得信賴的推銷員和盤托出。原來她在一次公司裁員中被裁下來，幾次應徵也沒有結果，心中覺得十分苦惱，每天懶於梳妝打扮，度日如年，一聽到推銷員是推銷化妝品，更是觸動了她的心病，便不友好地加以拒絕。

推銷員聽女主人說完後，現身說法，說自己剛失業時也是想不通，找工作也是四處碰壁，但她的鄰居是一家著名推銷公司的工作人員，熱心鼓勵她，於是她便開始了推銷生涯，現在她從事這項工作已有兩年了，逐漸上軌道，在推銷事業中取得了一定的成就。

經過這一番溝通，這個推銷員不僅成功地做成了這筆生意，而且後來她們還成為了很好的朋友。

七、口才是金，促成交易

01 選擇的成交口才

一般來說推銷員給客戶提供的選擇越多，客戶越是不容易下定決心。儘管無法解釋人們為什麼在四個或更多的選擇面前會變得遲疑迷惑。但建議推銷員最多向客戶提供三種選擇。以兩種為最佳，即所謂的「以二擇一」。

所謂「以二擇一」，包括這樣兩個因素：一是仍將客戶視為業已接受你的商品或服務來行動；二是用「肯定回答質詢法」來向客戶提出問題。具體方法是，在問題中提出兩種選擇（例如規格大小、顏色、數量、送貨日期、收款方法等）由客戶任意選擇。

當推銷員觀察到客戶有購買意向的時候，應立即抓住時機，採用「以二擇一」法與客戶對話。如下例：

客戶：「保險是很好的，只要我的儲蓄期滿即可投保，10 萬 20 萬是沒有問題的。」（其實是決心未定，準備溜之大吉）

推銷員：「您的儲蓄什麼時候到期？」（採取迂迴戰術，順藤摸瓜，毫不放鬆）

客戶：「明年 2 月。」（說話時為 3 月，即還有差不多一年的時間，是真，還是假）

推銷員：「雖說好像還有好幾個月，那也是一眨眼的功夫，很快就會到期的。我相信，到時候您一定會投保的。」

（給對方先吃定心丸，使之心情放鬆）

推銷員：「既然明年 2 月才能投保，我們不妨現在就開始準備，反正光陰似箭，很快就會過去了。」

說完，拿出投保申請書來，一連讀著客戶的名片，一邊把客戶的大名、地址一一填入。客戶雖然一度想制止，但推銷員不停筆，還說：「反正是明年的事，現在寫寫又何妨。」

推銷員：「您的身分證可借我抄一下號碼嗎？反正是早晚都得辦的事。」

「保險金您喜歡按月繳呢，還是喜歡按季度繳？」（以二擇一）

客戶：「按季度繳比較好。」（推銷員在申請書上填好）

推銷員：「那麼受益人該怎樣填寫呢？除了您本人外，要指定令公子，還是尊夫人？」（又是一個以二擇一法）

客戶：「我老婆。」

推銷員：「您方才好像講是 4 萬。」（作出填寫的樣子，但這時千萬要注意，沒等到對方明確答覆時，絕不能想當然地填寫，那樣就要弄巧成拙了）

客戶：「還是 10 萬好了。」

推銷員：「好的，就填 10 萬。請您先交這個季度的 3 萬元。」

客戶：「啊？好吧。」

客戶乖乖地在推銷員的申請書上簽了名。

02 欲擒故縱的成交口才

相信做過推銷的人大都有同感：讓對方下定決心，是最困難的一件事情。特別是要讓對方掏錢買東西，簡直難於上青天。半路離開推銷這一行的人，十有八九是因為始終未能掌握好促使對方下定決心掏錢的功夫。在推銷術語中，這就是所謂的「促成」關。

除了一些特殊的人外，一般人在做出某種決定時，難免再三考慮，猶豫不決。如果這個決定需要他或她掏腰包，更是踟躕不定。這種時候，就要其他人給他或她提供足夠的資訊，促使他或她下定決心，推銷員就要充當這樣的人。不過，人都有自尊心，不喜歡被別人逼得太過分，不願意「迫不得已」就範，「欲擒故縱」，就是針對這種心理設計的一種成交口才。美國推銷高手柯林頓．比洛普在事業開展的初期，擁有一家小型的廣告公關公司。為了多賺一點外快，這位 20 多歲的年輕人也為康乃狄克州西哈福市的商會推銷會員，並藉此打開該市各企業領導人士的大門。

有一次他會晤一家小布店的老闆。這位勤奮工作的男子是第一代土耳其移民，他的店鋪離一條分隔東哈福市和西哈福市的街道，只有幾步路的距離。結果，這個地理位置成了這位老闆拒絕推銷的最佳理由。

「聽著，年輕人，西哈福市商會甚至不知道有我這個人。我的店在商業區的邊緣地帶，沒有人會在乎我。」

「不，先生，」柯林頓・比洛普堅持說，「你是相當重要的企業人士，我們當然在乎你。」

「我不相信。」老闆堅持己見，「如果你能夠提出一丁點證據反駁我對西哈福市商會所下的結論，那麼我就會加入你們的商會。」

這個時候，柯林頓注視著對方說，「先生，我非常樂意為你做這件事，」他暫停了一會又補充說：「我可不可以和你約定下一次會面時間？」

很明顯地，老闆認為這是擺脫柯林頓最容易的方式，他說：「當然，你可以約個時間。」

「嗯，45 分鐘之後你有空嗎？」柯林頓說。

老闆十分驚訝柯林頓要在 45 分鐘之後再與他會面。

由於太過震驚，也只是簡單地說了：「嗯，嗯，我會在這裡。」

「很好，」柯林頓說：「因為我會在 45 分鐘後回來。」

柯林頓快速離開布店，然後直接往商會辦公室衝去。他在那裡拿了一些東西之後，又到鄰近的文具店買了該店庫存中最大型的信封袋。帶著這個扁平的長信封袋，柯林頓再次來到布店。他把這個大信封放在老闆的展示櫃檯上，開始重複先前與對方討論的話題。在這段期間裡，老闆的目光始終注視著那個信封袋，滿腹狐疑地想知道裡面到底是什麼。

最後，他終於無法再忍受下去了，他問：「年輕人，我可沒有一整天的時間和你耗下去，那個信封裡到底裝了什麼？」

柯林頓將手伸進信封，取出了一塊大型的金屬牌。

「商會早已做好這塊牌子，掛在每一個重要的十字路口上，以標示西哈福商業區的範圍。」柯林頓帶領老闆來到窗前說：「這塊牌子將掛在這個十字路口上，這樣一來，客人就會知道他們是在這個一流的西哈福區內購物，這便是商會讓人知道你在西哈福區內的方法。」

老闆的臉上浮現一絲笑容。柯林頓說：「好了，現在我已經結束了我的討價還價了，你也可以把你的支票簿拿出來好結束我們這場交易了。」老闆便在支票上寫下了商會會員的入會費。

03 讓客戶參與的成交口才

不管你推銷什麼，你的最終目的是讓對方盡可能完整地接受你的方案或商品。推銷方經常要寫企劃書、建議書、可行性報告等等。大多數人為了給對方留下一個美好印象，把這些書面文件做得盡善盡美，無可挑剔。遺憾的是，這類會讓專家點頭不已的文件，放到推銷對象——客戶面前後，往往毫無效果。為什麼呢？完美文件的製作者或許精通自己手中的商品或方案，卻不懂得人性的特點之一是喜歡參與！蘇聯有一位畫家每次給小說畫插圖時，總是在一個角畫上一隻狗。編輯當然堅決要求刪除這條不倫不類的狗，畫家則「據理力爭」，最後才「迫不得已」，忍痛割愛。結果，插圖的其他部分幾乎不會有什麼改動就發表了，畫家達到了他真正的目的。再看一個推銷的例子。有一個美國人叫艾遜，靠推銷圖案給紡織公司為生。紐約有一家大紡織廠是他的目標客戶，他每星期跑一次，整整跑了三年，始終沒有談成一筆生意。老闆總是看一看草圖，雙手一攤，說：「很抱歉，艾遜，我看今天我們還是談不成。」

後來，艾遜學習了影響他人行為的心理學，就故意帶著未完成的草圖，再次去見那位老闆。

「我想請您幫個忙，如果您願意的話。這裡有一些未完成的草圖，希望您能指點一下，以便讓我們的藝術家們根據您的意思修改完成。」

這位老闆答應看一看。三天後，艾遜再次去見那位老闆，老闆中肯地提了意見。而後，根據老闆的意見，藝術家們修改了圖案。

結果，這批設計圖案全部推銷給了這位老闆。從此，艾遜用同樣的方法，輕鬆地推銷了許多圖紙！每一個人都希望自己為某些事物的發展和形成出一份力，特別是這些事物非常美好時。這就是「參與心理」。美國紐約布魯克林一家大醫院要擴充設備，準備購置一架全美最好的 X 光儀器。一大群推銷員團團圍住負責審查 X 光儀器的 L 博士，炫耀自己的儀器有多好，是全美最好的。唯有一家公司的推銷員聲稱自己的儀器雖屬全美最好產品，但仍不夠完善，正在努力改進，希望 L 博士能前來公司提出改進意見，並稱屆時派人專程來接。

L 博士感到十分驚訝，同時更感到榮幸，因為從來還沒有一個 X 光儀器製造商徵求過他的意見。這立刻使他覺得自己身價倍增，儘管那個星期的日程已經排得滿滿的，但他還是取消了一次晚宴，前去看那部機器。

他愈是研究，愈是發現他離不開它。

「我感覺並沒有人推銷那部機器。我覺得買下那部機器是出於我自己的意願。由於它的品質絕佳，我買下了它。」L 博士事後這樣說。

04 借喻行銷的成交口才

馬來西亞有一位人壽保險推銷員名叫吳學文，對保險推銷有很多獨到的見解。在進行保險推銷培訓中，他舉過這樣一個商談例子：

客戶：「我身價過億，請給我一個買保險的理由。」

推銷員：「請問您的汽車買保險了嗎？」

客戶：「有。」

推銷員：「請問，您的椅子買保險了嗎？」

客戶：「沒有。」

推銷員：「那麼，為什麼汽車要買保險，而椅子卻不需要呢？」

客戶：「因為汽車貴重而椅子便宜，便宜的東西不需要保險。」

推銷員：「那麼……」聰明的讀者一你可以推想出下面的話：

最最貴重的是不斷創造財富的人的身體，怎麼能缺乏保險的保護呢？

春秋戰國時期，百家爭鳴，各施其能。從某種意義上說，推廣自己的思維是一種推銷活動，而且是難度非常大的一種推銷，將自己的思想觀點變為現實，那就更加難上加難了。這一時期發生的故事和出現的寓言，無不充滿智慧。春秋時期，巧匠魯班為楚國監造雲梯，準備攻打宋國。主張「兼愛」的墨子聽說後，由齊國趕到楚都，去見魯班說：「北方有人想欺負我，我想求你幫助殺掉他。你若願意幫助，我就用千金來做酬謝。」

魯班很生氣地回答：「我向來以義為本，不會去幫助殺人。」

墨子立即躬身施禮，接著說：「好！那我就來講一下

『義』吧。聽說你製造雲梯，準備攻打宋國，宋國有什麼罪呢？楚國土地有餘，人民不足，犧牲人民，去爭奪土地，這不能說是明智的。你身為楚國重臣，知情而不加勸諫，是謂不忠；勸諫而不能阻止，是謂無能。你自稱以義為本而不幫助殺人，卻參與攻打宋國，這怎麼也說不通。」

魯班被說得無言以對，但考慮到自己答應替楚王監造雲梯，不能擅自中止，就帶著墨子去見楚王。

墨子見到楚王說：「有這樣一個人，放著自己的好車不坐，卻去偷鄰居的破車子；放著自己的好衣服不穿，卻去偷鄰居的爛布衫；放著自己的美味佳餚不吃，卻去偷鄰居的粗茶淡飯，這是什麼原因呢？」

楚王回答說：「那一家是患了嗜偷病。」

墨子就說：「楚國地方五千里，宋國僅有五百里，相比之下，就像文軒（彩車）比敝輿（破車）。楚有雲夢大澤，麋鹿魚蝦遍地，宋無非有點雉兔之物，相比之下，就好像梁肉與糟糠。楚國松樟遍野，楠梓成林，宋國多荒山禿丘，貧瘠不毛，相比之下，就像是錦繡比麻布。你們君臣要攻打宋國，不就像患了嗜偷病的人嗎？除去損害自己的名聲，還有什麼好處呢？」

楚王認為墨子說得有道理。徹底地打消了攻打宋國的念頭。在促成、達成共識等環節中，借喻是一種很有效的技巧，能讓對方不知不覺地自己撕破自己的防線，到最後才恍然大悟。對任何一個人來說，時間都不是永恆的，精力也不是無窮的。一個稱職的推銷者應了解這兩點，並懂得將這種了解運用於推銷實踐中。

雙方唇槍舌劍爭論五個小時，也許僅僅是為了一句話的表達方式，也可能是為了產品的品質，也可能是為了價格……爭論的真正價值不一樣，但商談成功的成就感和商談受挫的挫折感也不會有什麼不同，消耗的時間和精力更是等值的。那麼，何不充分運用這些因素，讓對方在適當問題上消磨時間，消耗精力，獲得成就感呢？那樣的話，在真正重要的問題上可以得到很理想的結果啊！

05 使用客戶語言的成交口才

推銷員應使用買主的語言進行交談，這一點似乎人人都明白，然而，無情的事實卻是：我們有許多人並不能做到這一點。用簡短的語言表達意思和施加影響的重要性無論怎樣強調也不為過。推銷員在進行每一場不同的洽談時，都應認真選用適合客戶的語言。有一位推銷員曾經向一個年輕人和他父親推銷人壽保險。這父子二人正在建設一座牧場，兒子養乳牛，父親做木匠，將賺來的錢節餘部分投入牧場建設，以擴大牛群數量，兩人都希望有朝一日能靠這座牧場養老。這父子倆都承認，如果在今後 10 年內父親發生什麼意外，全家就不可能實現此目標，因為現在牧場尚不能靠自己支撐下去，還需要他提供額外資金。可是，當這位推銷員提到，為了給父親購買足額的人壽保險，以保證他萬一發生意外後他的保險金還能繼續向牧場提供必需的資金，把牛群擴大到可以盈利的規模，有必要每年交一筆保險費時，全家人都表示反對，說他們沒錢，辦不到。這位推銷員馬上換了一種說法來爭取他們：

「為了保證你們當家的萬一遇到不幸時你們能繼續達到既定的目標，你們願意把兩頭乳牛送給我嗎？當作你們沒有那兩頭乳牛了。不管出什麼天大的事，你們將來一定能建成盈利的牧場。」

結果，他做成了生意。一個房地產經紀人對一位準客戶說：

「我一直弄不明白，您為什麼不買我帶您看過的那塊地皮。您對我說那塊地皮很符合您需求，價格也合理。我覺得您很需要它，現在也這麼認為。但您就是不買。看來是我在介紹情況時出了毛病，未能講清某個問題。可能您腦子裡還有什麼疑問，障礙在哪裡呢？我們或許還能從頭再來。」

客戶見他如此真誠，便回答：

「您說得很對，我確實喜歡那塊地皮，想要它。但我弄不懂你的籌資計畫。對你提到的第二種抵押迷惑不解。在我不清楚我在其中擔當什麼角色之前，我是不會輕易下水的。」

由此可見，這位推銷員未能用簡單易懂的語言講清條件。

一位採購員用幽默的語調講述了一個不會用客戶語言講話的年輕推銷員的經歷：

在過去的三個月裡，我受命為辦公大樓採購大批的辦公用品，結果我在實際工作中碰到了一種過去從未想到的情況。

首先使我大開眼界的是一個推銷信箱的推銷員。我向他介紹了我們每天可能收到信件的大概數量，並對信箱提出一些要求。這個年輕人聽後臉上露出自命不凡的神情，考慮片刻，便認定我們最需要他們的 CSI。

「什麼是 CSI ？」我問。

「怎麼？」他以凝滯的語調回答，話中還夾著幾分悲嘆，「這就是你們所需要的信箱。」

「它是紙板做的、金屬做的，還是木頭做的？」我探問。

「噢，如果你們想用金屬的，那就需要我們的 FDX 了，也可以為每一個 FDX 配上兩個 NCO。」

「我們有些列印件的信封會相當的長。」我說明。

「那樣的話，你們便需要用配有兩個 NCO 的 FDX 轉發普通件，而用配有 RIR 的 RLI 轉發列印件。」

這時我稍稍按捺了一下心中的怒火，「年輕人，你的話讓我聽起來十分荒唐。我要買的是辦公用品，不是字母。

如果你說的是希臘語、亞美尼亞語或漢語，我們的翻譯或許還能聽得懂，弄清楚你們產品的材料、規格、使用方法、容量、顏色和價格。」

「噢，」他開口說道，「我說的都是我們的產品序號。」

我運用律師盤問當事人的技巧，費了九牛二虎之力才慢慢從他嘴裡明白他的各種信箱的規格、容量、材料、顏色和價格。從他嘴裡掏出這些情況就像用鉗子拔他的牙一樣艱難，他似乎覺得這些都是他公司的內部情報，他已嚴重失密。

實際上，推銷地區廣闊的公司在選擇推銷員時都要特別注意這些人有無運用不同地域語言的能力。同樣，推銷員的職業背景也應該考慮。比如，從農場來的人被委以推銷農用產品的任務，在櫃檯上賣過鞋的人被挑出來專門向鞋業零售商去推銷皮鞋。總之，使用買主的語言進行推銷交談，成功機率會更高。

06 巧妙設問的成交口才

有經驗的推銷員常問什麼樣的問題呢？他們常常問的是「你需要多少」、「你喜歡這種式樣還是那種式樣」、「喜歡這種顏色還是別的顏色」等等，他們的問句都假定了對方已經決定購買了，這一假定就是包含在問話的暗示中，對這種暗示客戶很難覺察到它不是自己的選擇。

有一位高明的汽車推銷員在向客戶推銷汽車時就經常使用這種方法。憑多年的推銷經驗他知道，客戶要做出這項決策並不容易，特別是老年客戶。如果他這樣說：「××先生，只需付 60 萬元，這輛車就歸您了，您看怎麼樣？」客戶並不能輕鬆地做出決策，他也許需要時間考慮考慮，但是這位推銷員透過和客戶進行下面的一段對話，賣出汽車就順理成章了：

推銷員：「您喜歡兩個門的還是四個門的？」

客戶：「哦，我喜歡四個門的。」

推銷員：「您喜歡這三種顏色中的哪一種呢？」

客戶：「我喜歡紅色的。」

推銷員：「您車子底部要塗防鏽層嗎？」

客戶：「當然。」

推銷員：「要染色的玻璃嗎？」

客戶：「那倒不一定。」

推銷員：「汽車胎要白圈嗎？」

客戶：「不，謝謝。」

推銷員：「我們可以在 10 月 1 日，最晚 8 日交貨。」

客戶：「10 月 1 日最好。」

在提出了這些對客戶並不難做的小決策後，這位推銷員遞過來訂單，輕鬆地說：

「好吧，×× 先生，請在這裡簽名，現在您的車可以投入生產了。」

在這裡，推銷員所問的一切問題都是在假定了對方已經決定購買的基礎上，只是尚未定下來買什麼樣的。

在保險業中，這種方法也同樣適用：

推銷員：「我們登記您妻子做受益人嗎？」

客戶：「是的。」

推銷員：「您喜歡一年交一次保險手續費還是半年一次，或一季度一次？」

客戶：「半年一次。」

推銷員：「您想免繳附加保險費嗎？」

客戶：「不。」

推銷員：「您想免繳意外死亡保險費嗎？」

客戶：「不。」

推銷員：「好的，請在這裡簽名。」

你瞧，在假定對方已經決定購買的基礎上提問，一切顯得多麼簡單！

比爾在一家小轎車零售店當推銷員。一天，一對老年夫婦來到店中，這已經是他們第三次光顧了。他們想買一輛轎車，這點是毫無疑問的，但他們總是猶豫不決，雖然有好幾個推銷員試圖說服他們立即採取行動，但都未成功。

比爾決心用一種新學到的方法試試。在簡短的寒暄之後，比爾說：

「你們要買的車的價錢是 9,600 美元。」

那位夫人說：「價格太貴了。」

「夫人，價格太貴嗎？」

「是啊！價格太貴啦。」

「夫人，我可以問一下嗎？您是在說價格問題，還是在說經費問題？」

夫人吃驚地問：「你說這話是什麼意思？」

比爾解釋道：「夫人，我想就這個問題說清楚，可以嗎？」

「沒關係，請說吧。」

「這是幾個月以前的事情，我準備在我家莊園的道路上鋪設大量的瀝青。為了保證我花的錢值得，我進行了事前調查。我相信誰都這樣做。關於這個問題，您沒有不同意見吧？」

夫人點點頭表示同意。

比爾接著說：

「我對於瀝青、瀝青的鋪設及施工等問題，是不大了解的。但是，我知道作為道路的基礎，需要鋪設十幾公分厚的石子，這當然要影響施工的價格。不過，我也和其他人一樣，按照最有利的價格簽訂了合約。結果，在不足兩個月的時間裡，就發現路面出現裂痕和隆起，不足一年瀝青就全部剝落。為了修理，我又支付了 6,000 美元。夫人，價格是暫時的問題，而經費則是長期的問題，只要您的商品為您所擁有，就有個經費問題。您是否認為與其買那種品質不好的東西而不得不多次付出修理費，倒不如按合理的價格買件品質好的東西而一次付款好呢？」

聽完比爾的話，老年夫婦倆你看看我，我看看你。最後，還是夫人發話了：

「就這樣辦吧！」

為什麼比爾能談成這筆交易，而其他推銷員卻無能為力呢？他不過只是問了一個別人不曾注意的問題：

「您是在說價格的問題，還是在說經費的問題？」

你可別小看了這一提問，正是它激起了客戶的好奇心，聽到這樣的提問，客戶一般都會做如下的回答：

「你這是什麼意思？我說的是價格問題，與經費問題，有什麼關係嗎？」

任何人都會有買便宜貨的經歷，也都有買後後悔的感受。你可以選出一個典型事例，來說明不能只看眼前的價錢而不管以後的處理費用。你的「故事」會引起客戶對自身經歷的聯想，從而在價格與經費的關係問題上與你產生同感。如果客戶對商品的其他方面都滿意的話，這筆生意就十拿九穩了。

麥克·伯格的公司專為各公司培訓管理人員和銷售人

員。那是一個星期五的下午，天氣很熱，麥克 2 點鐘有個約會，因乘車順利，他 1 點 40 分就到了那兒。為了不讓這 20 分鐘的時間白白浪費掉，他決定找個客戶進行推銷。

麥克找到了一家帶有寬敞陳列室的汽車銷售店，他打起精神走進那個商店。

「你們老闆在嗎？」他向那裡的推銷員打聽。

「不在。」

麥克並不退縮，又問：「如果在的話，他會在什麼地方？」

「在大街對面。」

麥克橫穿馬路來到街對面，在接待室他問：

「你們老闆在嗎？」

「嗯，他在，在他自己的辦公室裡。」接待小姐說道。

當時那位老闆正在與業務經理商量事情，麥克走進他的辦公室，問道：

「作為貴公司的董事，我想您大概總是在想辦法增加銷售額吧？」

「年輕人，你沒有看見我正在忙嗎？今天是星期五下午，又是吃午飯的時間！你為什麼在這樣的時間來訪問我？」

麥克滿懷信心地盯著對方說：

「您真的想知道嗎？」

「當然，我想知道。」

「好的，我是剛從雷丁搭車來的，我有個預約是下午2點的，有20分鐘的空閒時間，因此，我想利用這短暫的時間來訪問您。」

稍做停頓，麥克又壓低聲音問：

「貴公司大概沒有把這種做法教給推銷員吧？」

那位老闆聽到麥克的問話，繃著臉看了業務經理一眼。過了一會兒，老闆微笑著對麥克說：

「多虧你，年輕人，請坐吧。」

就這樣，短短20分鐘，麥克完成了推銷。

利用問句，能使推銷員更快、更準確地了解客戶的真正要求，從而可以按客戶的要求調整自己的推銷重點。

07 幽默破隔閡的成交口才

每一個人都有自己的特長，並且每個人也都有其崇拜者、欣賞者或者是愛人。可是有一種個性卻是人人喜歡，能夠到處左右逢源，這就是爽朗幽默。

那麼為什麼爽朗和幽默的性格能吸引別人呢？這便要從人的心理角度來分析。人是一種矛盾的動物，他一方面不堪忍受孤獨寂寞，要與他人交流溝通，具有群居性；另一方面人們對陌生人總有一種戒備心和恐懼感。所以，碰到陌生人的第一個反映便是關起心扉；然而並不僅是如此，他還想去了解探察別人。如果這個陌生人表現出爽朗善意、幽默的談吐風度，對方便會慢慢了解到你並不是「來者不善」，從而謹慎地開啟心扉。

某雜誌社往全國各地寄發了大量訂閱單。預約期到了，但回收率卻不高，於是他們又進行了一次全國性徵訂。這次的徵訂單上畫了一幅漫畫：負責訂閱的小姐因為沒有收到貴公司訂閱的迴音，正在傷心哭泣。

這種推銷可以說是高階的強迫推銷，不但不會使客戶反感，而且收效很好，原因便是它的含蓄和幽默。

爽朗和幽默的人很容易開啟別人的心扉。不但容易打動異性的心，也容易打動客戶的芳心。所以爽朗和幽默的個效能造就出情場高手也能造就出商場高手。

推銷員對客戶來說完全是陌生人，開始並不被客戶了解。如果推銷員在訪問會談時隨時展現笑容，對人和藹可親、談吐風趣，對於推銷生意當然助益很大。

在推銷中，適當講一些小笑話，能迅速降低客戶對推銷員的敵意，促使推銷成功。但萬萬不可過度，如果掌握不住，會給客戶留下輕浮，不可靠的印象。

「您好！」我是明治保險公司的原一平。

「喔——」

對方端詳他的名片有一陣子後，慢條斯理地抬頭說：

「兩三天前曾來過一個某某保險公司的推銷員，他話還沒講完，就被我趕走了。我是不會投保的，所以你多說無益，我看你還是快走吧，以免浪費你的時間。」

此人既乾脆又夠意思，他考慮真周到，還要替原一平節省時間。

「真謝謝您的關心，您聽完我的介紹之後，如果不滿意的話，我當場切腹。無論如何，請您撥點時間給我吧！」

原一平一臉正經，甚至還裝著有點生氣的樣子。對方聽了忍不住哈哈大笑說：

「哈哈哈，你真的要切腹嗎？」

「不錯，就像這樣一刀刺下去……」

原一平一邊回答，一邊用手比劃。

「你等著瞧吧！我非要你切腹不可。」

「來啊！既然怕切腹，我非要用心介紹不可啦！」

話說到此，原一平臉上的表情突然從「正經」變為「鬼臉」，於是，準客戶不由自主和原一平一起大笑了。

上面這個實例的重點，就在設法逗準客戶笑。只要你能夠創造出與準客戶一起笑的場面，就突破了第一道難關，並且拉近了彼此間的距離。

「您好！我是明治保險的原一平。」

「噢！明治保險公司，你們公司的推銷員昨天才來過。我最討厭保險了，所以他昨天被我拒絕啦！」

「是嗎？不過，我總比昨天那位同事英俊瀟灑吧！」

原一平跟對方開了一個小玩笑，一臉正經地說。（開這種玩笑時，聲調與態度要特別留意，一不小心，就會引起對方的誤會，以為你瞧不起他）

「什麼？昨天那個仁兄啊！長得高高的，哈哈哈，比你好看多了。」

「矮個兒沒壞人，再說辣椒是愈小愈辣的喲！這句話可不是我發明的啊。」

「哈哈！你這個人真有意思。」

不論如何，總要設法把準客戶逗笑了，然後自己跟著笑。當兩個人同時開懷大笑時，陌生感消失了，彼此的心也就在某一點上溝通了。

總而言之，對一個進行直接訪問的推銷員而言，創造一個與準客戶齊聲大笑的場面，是破除隔閡的絕招之一。

08　生動比喻的成交口才

有一位著名棒球運動員，在球場上是一個難於攻破的堡壘;在保險公司推銷員的眼裡，他也是一個難於攻破的堡壘，因為他對保險、投保之類的事，根本就不感興趣。

原一平卻攻破了這個堡壘。他沒唱那些令人生厭的老調，也沒對保險好處進行宣傳，而是對棒球運動表現出極大的興趣，洗耳恭聽對方大談棒球。他的傾聽、他的插話、他的問題以及他的簡短的議論，都給這位職業球手留下了深刻的印象。

在一個適當的時候，原一平向球手提出了一個關鍵的問題：「您對貴隊的另一位投手川田的評價如何？」

「川田，正是有了他，我才能放手投球的，因為他是我的堅強後盾和依靠，萬一我的競技狀態不佳，他可以壓陣。」

「請原諒我打個比方，您想過沒有，如果把您的家庭比作一個球隊，您家裡也應該有個川田。」

「川田？誰？」

「就是您。」原一平談鋒愈健，「您想想，您的太太和兩個孩子之所以可以『放手投球』，換句話說，能無憂無慮地幸福生活，就是因為有了您，您是他們的堅強後盾和幸福的保證，所以您好比是他們的川田。」

「您的意思是……」

「請原諒我的直率，我是說人有旦夕禍福，萬一您有個不測，我們就可以幫您、幫您的太太和孩子一下。

這樣，您就更可以放心地馳騁球場，無須後顧之憂。所以，從這種意義上說，我們也是您的川田。」

至此，那位棒球運動員才想起原一平的身分，然而他已經被感動了，因為原一平形象的比喻使他深刻地領會了他的人身保險與他家庭幸福的關係，這場生意當場就成交了。

利用生動而又切合客戶心理，使客戶容易理解的比喻來說服客戶，遠比用客戶不願聽而又聽不懂的長篇大論有效。

09 女性攻心的成交口才

推銷員都知道，每訪問 10 位女性，就會遇到一個令人不敢領教的女人。這種女性不是虛榮心強、傲慢，就是有些歇斯底里的傾向，雖然個性不完全一樣，但都不受周圍朋友的歡迎。

不過，這一類型的女性用起錢來，卻出乎意料地大方，因此是推銷員最好下手的目標。倘若因為不愉快而放棄與她接觸的機會，將造成各位工作上最大的遺憾。

推銷員是人，客戶也是人。與商店不同的是，訪問推銷能走進客戶的生活，而商店不能。在機械化的推銷過程中，往往看不到隱藏在人背後的人性，唯有跳入對方的心裡才能把產品賣出去。某日，推銷員 K 先生前往一家小工廠，推銷營業用的小貨車，結果出來招呼的是老闆娘。談話間，老闆娘不時展示她手上的鑽戒，擺出一副十分瞧不起人的樣子，弄得他心裡不舒服。但他仍然忍氣吞聲，一次又一次地安慰自己：「工廠雖然小，但生意不錯，應有高額成交的機會。」然後又再度上門訪問。談生意時，老闆從不露面，每次都是由太太應付，所以一直毫無進展。於是 K 先生下定決心，只再爭取一次機會，如果還不答應，就乾脆放棄。

那天，依然是那位目中無人的老闆娘上前搭話，甚至還變本加厲地對他說：

「這個戒指花了 80 萬買的呢！像你這種工作的人，是絕對買不起的。」

K 先生心裡實在氣壞了，但仍按捺住怒氣問太太：

「真是漂亮的戒指，是什麼時候買的啊？」

「兩年前我先生買給我的。這背後有一段小插曲：我們廠原本有六位操作員，兩年前，突然一併提出辭呈不幹了。不管我先生如何挽留，都無人肯接受。工廠幾乎面臨瓦解的命運。」太太如此追述道。

「一定很辛苦吧！然後呢？」

被 K 先生這麼鼓勵，太太又津津樂道起來：

「那時，我憑著三寸不爛之舌把他們一一說服了，工廠的危機頓時通通化解。由於我力挽狂瀾，先生就買了這個戒指作為獎賞。」

K 先生這才了解，原來老闆娘傲慢，是想讓別人知道她曾為公司立下汗馬功勞，而不是在於這價值 80 萬的戒指。如果能掌握對方的心理，銷售就不是件難事，一個月後，那位太太果然大方地買了兩部小貨車。世界上並沒有生來就令人討厭的人，後來之所以被人討厭，背後一定有某種原因。這點，推銷員有必要去了解。

八、攻心為上，妙言經商

01 妙言帶來商事興

「三寸之舌，強於百萬之師；一言之辯，重於九鼎之器。」口才決定著市場角逐的興衰成敗。

口才與商務活動密切相關，出色的商務離不開出色的口才。美國億萬富翁魯幾諾．普洛奇，之所以有無比顯赫的地位，跟他的出眾口才有關。

魯幾諾．普洛奇 1918 年出生在美國明尼蘇達州的一個小鐵礦城。由於家裡貧窮，他常跑到礦場，撿些礦片賣給遊客。在與遊客打交道的過程中，他開始顯示出能說會道的口才。

高中還未畢業，魯幾諾．普洛奇就輟學工作，加入了推銷水果的行列。一天，一船香蕉——18 箱——在冷凍廠受損了。香蕉仍然可口，完全沒問題，但外面的皮太熟，黑乎乎的，不雅觀，這會影響香蕉的銷量。魯幾諾主動出擊，他相信他的口才會給香蕉的銷量帶來好運。

那時 4 磅優質的香蕉可以賣 25 美分。同行建議他開始以 4 磅 18 美分推銷這批香蕉，如果沒有人買的話，再降低價錢。

但是魯幾諾自有其絕招。他在門口擺出了堆成小山似的香蕉。然後，他開始叫喊起來：

「阿根廷香蕉！」

其實，根本沒有什麼阿根廷香蕉。但是這個名字滿有味道，聽起來很高級。於是招來一大堆人圍過來瞧普洛奇的黑乎乎的香蕉。

他說服他的「聽眾」，這些樣子古怪的香蕉，是一種新型的水果，第一次外銷到美國。他說為了優待大家，他準備以驚人的低價，1 磅 10 美分，把香蕉賣出去。其實這個價格比一般沒有受損的非「阿根廷香蕉」差不多要貴一倍。

3 小時之內，他就把 18 箱香蕉賣光了。出色的口才為魯幾諾．普洛奇成功地賺得了第一桶金。

普洛奇憑藉出色的口才推銷才能，不久升任一家大型公司的總經理。

他發明了一種推銷方式，並總結要訣：把各個地方的商人聚集起來，用口才打動他們並使他們相信，如果他們聯合購買的話會比較便宜。結果，他把一卡車又一卡車的貨賣給他們。

過了沒多久，他又說服那些商人，要他們相信，該是他們大批買進各種貨物的時候了，不能等到下個月了，因為下個月價格一定會上漲。這樣，他又多賣出不少東西。為了使他的話更有說服力，他自己打電報給自己，裝作是他的總裁打來的。電報的內容大致是這樣的：「敬告顧客，豆子的價格將會上漲。」他手裡揮動著電報，不愁顧客不向他訂購更多的東西。

普洛奇自己終於開了公司，成為豆芽廠的總經理。

但豆芽廠的規模開始很小，而且僅僅把豆芽當作食品賣出去，當然銷量有限。普洛奇決定把豆芽裝成罐頭。他打電話給威斯康辛州的一個食品包裝公司，得到答覆，這個公司同意替他把豆芽製成罐頭 —— 只要普洛奇能找到罐頭筒的話。在大戰期間，所有的金屬都優先用在軍事上，老百姓只有極有限的配給。

普洛奇感到，又是他一展高超口才的時候了。

普洛奇不經任何人搭橋牽線，直接奔向首都華盛頓。他靠他的三寸不爛之舌，「過五關，斬六將」，一直衝到戰爭生產部門。

他用了一個氣派非凡的名稱介紹自己，說自己來自「豆芽生產工會」，需要政府幫助。華盛頓的官員熱情地接待了他，他給他們的感覺好像他來自什麼農人工會，而不是什麼公司。戰爭生產部門讓這個來自明尼蘇達州的老闆帶走了好幾百萬個稍微有些毛病但仍可使用的罐頭筒。

普洛奇在罐頭外面貼上標籤，寫上一個東方名字「芙蓉」，雖然那時公司裡連一個東方人也沒有。

然後，普洛奇覺得該增加「芙蓉」產品的種類了。把豆芽加上芹菜和其他蔬菜，他就有了一道人人喜歡吃的中國菜 —— 「雜碎」的配料了。

「這個芙蓉公司有什麼來頭？」通用食品公司的一位經

理有一天問他的公共關係顧問，「他們是中國人嗎？」

「不是，」這個公共關係顧問說，「公司的首腦是一個美國人，而工廠的工人多數是明尼蘇達的瑞典人。」

「你在說笑話！」那位經理說：「天呀！他那些鬼罐頭都壓扁了，好像是從中國運來的。那個公司一定有個世界上最優秀的口才專家和行銷專家！」

這句話說得沒錯。普洛奇靠他出眾的口才和推銷術使自己一步步登上事業的巔峰，最終擠進了美國億萬富翁的行列。

西方人對口才的重視是有目共睹的。他們認識到口才在資訊時代的商務活動中的重要性。他們也是這樣做的。而現實中的市場交易驗證了這一點，交易的雙方常常根據一個人的講話水準和交際風度來判斷其學識、修養和能力，並以此判定是否與之合作。

口才和交際的學問，今天在美國、西歐和日本等發達國家早已盛行，不論是學校教育，還是成人教育都很重視開設這門課程。

美國著名成人教育家戴爾·卡內基（Dale Carnegie）以其畢生的精力教給人們怎樣做人處世，走向成功，卓有成效。「卡內基課程」早已成為心理、口才與交際的成人教育的代名詞。美國的卡內基學院已達 1,700 多個。

目前，美國已有 300 多所大學設有說學系或演說學系。

從 1976 年到 1980 年的五年間，僅獲得「說學」碩士以上的專門人才就有三萬多人。

當代商場上，提高商業經營者的口才已顯示出迫切性。但長期以來，東方人有一種偏見，就是不把口才看做是真才實學，也就更談不上把口才和交際能力看做是人生的基本功和必修課。有些人甚至認為能說會道算什麼？不過是耍嘴皮子罷了！可是真的等他需要能說會道的時候，他已經來不及「磨嘴上陣」了。

由於受全球經濟化影響，今天人們的經濟往來比任何時候都要頻繁，口才的商務作用更加突顯出來。

我們要和對方交涉，要借鑑對方發展市場的經驗，要引進技術，要具備談判轉讓或賠償某一經濟事件的能力，還要在大庭廣眾中講述自己的意見，這些都需要有極好的口才，才能馬到成功、事半功倍。

市場經濟離不開公平競爭，而競爭常常離不開語言。在商業活動中，能說會道，能使顧客滿意，生產也就越做越旺；相反，板著臉，說話生硬，不得體，顧客不喜歡，老闆也要炒他的魷魚。

一位客人一天來到 J 飯店公關部售票臺前。

「早上好！」公關經理很有禮貌地站起來打招呼。

「我要 3 張後天去 A 市的 91 車次車票。」客人不耐煩地說。

見客人心情不好，公關經理立即將訂票單取出，幫客人登記。當寫到車次時，公關經理習慣性地發問：「先生，萬一這趟車訂不到，311、305 可以嗎？它們的出發時間是……」

沒等公關經理說完，客人連說：「不行！不行！我就要 91 車次。」

公關經理又強調了「萬一……」。這番好心反而把客人惹火了：「什麼萬一，你們是為客人服務的，就不能這麼說。」

這時，公關經理立即意識到自己的說話方法欠妥，差一點把客人趕跑了。她根據對方回饋的資訊，立即調整話語，轉換語氣說：「我們一定盡最大努力設法替您買到。」這時客人臉上才露出了笑容。

第二天客人來取票。根據第一天打交道的情況，公關經理一改過去公事公辦的辦事態度，笑咪咪地說：「先生，你的運氣真好，車站售票處明天 91 車次車票只剩三張票，全給我拿來了，看來先生您要發財了。」

客人聞聽此言，立即轉身跑到飯店小吃部，買了一大包糖回來請公關經理吃。

自那以後，這位客人每次見到公關經理都打招呼，點頭微笑。臨走時，他高興地說：「下次來這裡，一定還住 J 飯店。」

公關經理差一點把自己的飯碗砸了，還好，她還有隨機應變、及時調整的能力。她原先語言硬邦邦，語氣冷漠，一副公事公辦的樣子，客人神情則憤怒、生氣，對其不滿；當她的語言變得溫情、善解人意，語氣得體、適宜的時候，客人的臉上則陰轉晴，表情走向舒緩，心裡甜滋滋、喜洋洋的。口才使公關經理度過了這一難關。J 飯店良好的服務態度使其生意更加興隆。

今天，差不多所有公司在應徵公司員工時都有一條硬性規定，要求受聘者必須有口才。為什麼要把這一條作為應徵的條件和培訓的目標？這自有其道理。

經營任何一種產品，總要和五湖四海各式各樣的人打交道。如果公司員工一張嘴就是滿口土話或是詞不達意，那麼就會被人家瞧不起，可以做成的生意也做不成的。如果一位企業的總經理深諳口才的重要性，不用說，這家企業的事業一定會蒸蒸日上。

02 口才敲開業務門

「商場如戰場。」在商戰這無硝煙的戰鬥中，每一位指揮官 —— 生意人不僅需要智慧，而且還應有涵養和風度，要深諳「商戰」的口才技巧。

口才在商場上是一項極其寶貴的資源，它是市場上無堅不摧的「核武器」。

經商，離不開生意洽談，而在業務洽談中，僵局是難免的。如果雙方固執己見，相持不下，都有「寧為玉碎，不為瓦全」的思想，其結局是不得而知的。作為一位精明的生意洽談人應努力保持鎮靜，設法緩和洽談氣氛或者改變問題，甚至可以忍痛割愛，終止洽談，等待機會捲土重來。

要打破僵局並非舉手之勞，這需要掌握業務洽談技巧。「退一步是為了更好地前進」，想方設法與對方建立心理相容關係，縮小或消除雙方在心理上的「溝壑」，然後在良好的人際關係中重整旗鼓，必將獲得成功。

菲德爾費電氣公司的約瑟夫．S．韋普先生，去賓州與一位富有的農場主人洽談用電業務。當他來到那所整潔而堂皇的別墅前去叫門，對方只把門開啟一條小縫，屋主布朗肯．布拉德老太太從門內向門外探出頭來，當她得知來人是電氣公司的業務洽談人，猛然把門關閉了。韋普先生再次敲門，敲了好久她才又將門開啟，僅僅是勉強開一條小縫，而且還未等對方開口說話，她就毫不客氣地破口大罵：「要不要臉……」

雖然一開始就十分不順，但精明的韋普先生卻沒有因此而氣餒，決心以退為進，碰碰運氣。

韋普先生說：「布拉德太太，很對不起您，打擾您了。我訪問您並非為了電氣公司之事，只是向您買一點雞蛋。」

聽到這話，老太太的態度稍微緩和了一些，門也開大了一點。

韋普先生一看機會來了，接著說：「您家的雞長得真好，看牠們的羽毛多漂亮，這些雞大概是多米尼克種吧？能不能賣給我一些雞蛋？」

這時，門開得更大了。

布拉德太太說：「您怎麼知道是多米尼克種的雞呢？」韋普先生知道自己的話與老太太建立了共鳴，便趁熱打鐵，接著說：「我也養了一些雞。像您所養這麼好的雞，我還是頭一次見到。而且我飼養的來亨雞，只會生白蛋。夫人，您知道吧，做蛋糕時，用黃褐色的蛋比白色的蛋好。我太太今天要做蛋糕，所以我就跑到您這裡來了……」

老太太一聽，樂了，眉飛色舞，由屋裡跑到門廊來。韋普先生利用這短暫的時間，瞄一下環境，發現他們擁有整套的乳酪設備。

於是韋普先生繼續說道：「夫人，我敢打賭，您養雞賺錢一定比您先生養乳牛賺的錢還要多。」

這句話簡直說得老太太心花怒放。因為長期以來，她總想把這得意之事告訴別人。「茫茫人海，知音難覓。」她立即把韋普先生帶進去，讓他參觀雞舍。在參觀過程中，韋普先生不時發出由衷的讚嘆，還交流了養雞方面的知識和經驗。就這樣，他們彼此變得親近，幾乎無話不談。

最後，布拉德太太向他請教用電有何好處，韋普先生實事求是地向她介紹用電的優越性。兩星期後，韋普先生所在公司收到老太太交來的用電申請書；後來，又源源不斷地收到這個村的用電訂單。

運用良好的商務口才，首先要注意自己的話題應該是顧客所關心和感興趣的，否則對方會亮出「紅燈」。如果讚美對方，務必實事求是，切勿「花言巧語」而讓對方知道你是在引誘他而半途而廢。同時要抓住時機，在對方心情舒暢時巧妙地亮出你的絕招 —— 回馬槍。記住：「機不可失，時不再來。」貽誤戰機只會使你枉費心機，空忙一場。

03 心正話巧是關鍵

在商務交流中，一切全在一張嘴，全在於語言上的使用。使用得體便可成功或成功率比較大，用得不當則必然失敗。

語言的運用是很有學問的。有的人不出三句，便把人得罪了，原本是好心，可對方卻忌恨他；而有的人不然，可以完整地表達自己的意願，縮短與對方之間的距離，增加親近感，使關係逐漸融洽。

人類的交流，有文字交流、圖像交流與語言交流等等。最多的、運用最廣的是語言上的交流。而商務工作又十分辛苦、困難，與客戶在語言上的交流便十分重要，語言交流幾乎成為商務活動是否成功的關鍵。

八、攻心為上，妙言經商

如何用開場白的幾句話引起對方的注意，使對方產生興趣？如何回答一些自己不太了解的問題，而又不讓對方產生輕視的態度？如何讚許對方？必要時如何批評對方？何時表示自己的不滿？如何解決顧客的種種有理以及無理的要求，等等。有效地解決這些問題無疑是商務活動成功與否的關鍵。而這就是一個口才問題。

為了取得商務活動的成功，語言表達須應用以下幾種方法技巧。

- 了解對方的人格、性格、愛好，以便對症下藥。
- 以熱情的態度、耐心的精神以及尊重對方的動機與對方交談。這是任何交往活動中最主要的，也是最基本的要求。
- 靈活一點，切忌呆板；不可說使對方生厭的字詞或事物。開場白，可以用對方的話來引申，一定要避免過多地說話。言多必有失。
- 贊同、附和對方，使對方對自己產生好感，也可使談話得到進一步開展。
- 對客戶的一些不良習慣或不當用語，要學會寬容，不要當面指出。如對方做了對自己或公司不利的事，講話一般要適當，不可大做文章，否則於事無補。不過，當客戶強詞奪理、不講道理時，也要據理力爭。
- 說話不可囉嗦，詞不達意。這一點要在平時多加鍛鍊。

- 遇到困難問題，或不好直接提出的問題時，可委婉地表達，或利用第三者等等，不可傷了和氣。
- 具有說服力，善於表現自己或商品的優點，使自己具有強大的競爭力。
- 學會並善於道歉或表示謝意，也要善於利用對方的優點或弱點。

商務工作有道道關卡，初次面談的困難，進一步面談的困難，促成交易成功的困難，交易之後售後服務解決問題的困難。這些困難的解決與語言技巧的運用有很大關係。推銷員的語言技巧一定要掌握好，必須具有一定的新意與說服力。

千萬要記住：語言技巧是至關重要的。

04 實話實說是要訣

隨著市場經濟越來越規範，靠說假話和坑蒙拐騙而「一夜暴富」的人和事已漸漸失去了「市場」。在當今，實話實說是商家應遵循的口才要決，是競爭立於不敗之地的必然要求。

一提起商人，有人馬上莫名其妙地扣上「奸商」的大帽子。無可否認，大江東去，泥沙俱下，在一些短視的商人心目中「無奸不富」確實是經商要訣。他們缺乏「顧客是上帝，是衣食父母」的意識，而把顧客當作是任他們愚弄的傻瓜，把經商看做是坑人的事業，一味挖空心思，削尖腦袋，不顧「衣食父母」的利益，以劣冒優，以假亂真，颳起了令人窒息的「偽劣產品」黑旋風，「金玉其外，敗絮其中」。他們不知道大發橫財只是過眼雲煙，顧客的眼睛總是雪亮的。其結果必是身敗名裂，蛋打雞飛，賠了夫人又折兵。

面對雪片般的產品，面對林立的競爭對手，面對著日益挑剔的顧客，怎樣運用出色的商務口才以立於不敗之地，吸引成千上萬的顧客為您的產品慷慨解囊？靠吹牛、靠假裝、靠矇騙是毫無效果的，或者只有暫時的「輝煌」。最根本的還是要以誠為本。對客戶實話實說，反而能贏得信賴和長久的利益。

經營房地產的霍爾默先生，是美國房地產鉅商。有一次他承擔了一筆令他煩惱的房地產生意。這塊土地雖然接近火車站，交通便利，但非常不幸，它緊鄰一家木材加工廠，電動鋸木的噪音使一般人難以忍受。幾次洽談業務，霍爾默先生都因難以如實相告而導致最後被買方拒絕簽訂合約。

霍爾默先生經過考慮和調查，又找了一位想購買地皮的顧客。這次，他改變以往的做法，直截了當地向該顧客說明:「這塊土地處於交通便利地段，比起附近的土地，價格便宜多了。當然，這塊土地之所以沒有高價賣出是因為它緊鄰一家木材加工廠，噪音較大。」

霍爾默先生見顧客不言不語，就繼續說：「如果您能容忍噪音，那麼它的交通地理條件、價格標準，均與您的要求非常符合，確實是您理想的購買地方。」

不久，該顧客在霍爾默的帶領下到現場參觀調查，結果非常滿意。他對霍爾默先生說：「上次你特別提到的噪音問題，我還以為很嚴重，那天我觀察了一下，發現那種噪音對我來說不算什麼問題。我以往住的地方整天重型卡車來往不絕，可是這裡的噪音一天總共只有幾小時，而且並不震動門窗，總之，我很滿意。你這個人挺老實，要是換上別人或許會隱瞞這個事實，光說好聽的。你這麼如實相告，反而使我很放心。」

就這樣，他順利地完成了這筆令人頭痛的房地產生意。

由此看出，做生意僅憑三寸不爛之舌，對客戶侃得天花亂墜是不一定成功的。實事求是地說出自己商品的優點和缺點有時倒會給你的商品增添一層誘人的光芒，使其更具有魅力。

根據調查，有些商人在經營上使用「兩手法」，對於知識層次高的顧客，他們把商品的優缺點如實相告，而對於知識層次低的顧客，盡力把商品說得完美無缺。

這種做法並不完全正確，這是由於生意經不同於一般知識，即精通於生意並不總與知識層次高成正比，有時會出現極大反差。況且當今社會，人的知識水準普遍提高，完全愚昧無知的顧客是很難見到的。一般人都有一定程度的判斷力，靠花言巧語矇騙顧客，其結果只會是「一次性」的買賣，容易使自己走進死胡同，失去「衣食父母」。

所以，把商品效能對顧客作某種程度的坦白，必能獲得顧客的讚許和信任；成交後，如果顧客抱怨，自己也有臺階可下，因為你已有言在先了。

05 和顏悅色爭顧客

因人而異、和顏悅色的商務口才是「商戰」中拉近顧客關係，爭取銷售對象的有效戰術。

顧客與商家存在著天然的對立情緒。今天，日益成熟和日益挑剔的顧客，對任何一個商家都是個挑戰，精明的經營者把如何正確應對顧客的挑剔當成了經商中的主攻方向。其實，不管多麼挑剔的客戶，只要對策適當，用心說服，都是可以爭取的。所謂「道高一尺，魔高一丈」，「一把鑰匙開一把鎖」。致勝的辦法總是源於聰明的腦袋和出色的口才。

(1) 應對匆忙的顧客

對於那些很忙碌的顧客，或者看起來有點匆忙的顧客，洽談生意時除了必要的寒暄外，應該切中要害，迅速轉入正題。

但是這種談話方式應注意的是，真正忙碌和貌似忙碌的顧客，實質上是不同的，所以談話時要因人而異。就像碰到不喜歡開口的顧客一樣，必須首先探聽出他喜歡什麼，關心什麼，對什麼感興趣。

在談到正題以前先和他們聊聊天，如果看到其表情有點不正常變化，就要意識到苗頭有點不對，就應該立刻談及正題，再談談理由，這樣就能給顧客一個良好的印象。

「我只想花您 5 分鐘的時間」，一開始我們可以這樣說。當談到 5 分鐘後，再觀察顧客的表情，如果顧客面有喜色或至少對所談內容沒有明顯的厭惡感，我們可以心平氣和地說一句：「看來您對此有很清楚的認知，能否再談幾分鐘？」

當談到幾分鐘後，停下話來，反問顧客：「您還有什麼不清楚的地方，需要我們共同探討一下嗎？」利用這種方式，察言觀色，靜候顧客的發言。

記住，這時候應特別注意拖延時間的說話技巧，絕不可以講「能不能再談 4 分鐘、6 分鐘或 10 分鐘。」因為這樣很容易使顧客覺察到你抓緊時間，採用「攻心術」，而對您的商品失去興趣。這也是因為心理試驗顯示，雙數給人的感覺很多，會使顧客懷疑我們的誠意。如果說出具體數字，最好用單數「3 分鐘」或者「5 分鐘」，他們會覺得費時不多，從而安心傾聽下去。

（2）應對性急的顧客

若是遇到性急的顧客，他們也許會用連珠炮的方式不斷發問，我們一定要頭腦清醒，冷靜地聽清楚他們的問題，必要時應該用筆記錄，以示對他們所提出的問題的重視。

在這種情形下，我們不能以牙還牙，也像顧客那樣用連珠炮似的速度回答，那樣將會給顧客刺激，使他們更加性急起來，對交易沒有好處。

正確的做法是首先認真傾聽他們的要求、建議，等對方說完後，可以這麼說：「請您先等一下，讓我談一下對您提出的問題的看法，好嗎？」

然後再慢條斯理、有條不紊地向他們介紹商品的特點和功能。當然，在回答問題時，並不一定要依照他提問的順序來回答。因為性急的顧客說話時，心直口快，條理未必清晰，所以應分清主次，婉轉地、有條理地回答對方。這樣會給他一個條理清晰的解釋，會使對方心裡產生一種莫名的敬佩感。

性急的人說話快，聲音洪亮，而且有時很固執，喜歡聽他們想聽的東西，對不想聽的內容不感興趣。這時，經商者要特別提醒他：「對於這一點，先生您難道不認為是一個很重要的方面嗎？」

當經商者把顧客的注意力吸引到自己的話題上去以後，要盡量說明經商者認為是最重要的東西，而且不要囉嗦。忙人和性急的人都對囉嗦深惡痛絕。說話時最好長話短說，有節奏感和緊迫感，多用短句，多用動詞，少用形容詞，語調擲地有聲，態度舉止也要講究分寸。這樣就會以柔克剛，深深地吸引顧客的心，交易定會一拍即合。

當然，這僅僅是兩類特殊的顧客，也是較難應付的顧客。但無論哪類顧客，只要對他們和顏悅色，耐心細緻，就可以拉近彼此的距離，最終促成交易。

和顏悅色的商務口才無疑將使一位經商者在生意場上如虎添翼，魅力無窮。

06 因人而異說美言

為了能夠真正把話說到顧客的心坎上，生意人不僅要了解顧客的需求、動機，還要對不同的顧客採取不同的說服策略。

拜什麼佛，燒什麼香；見什麼人，說什麼話。這已成為經商交往中的處世箴言。商務活動中，由於每個人都有自己與眾不同的性格；即使是同一需求、同一動機，在不同的消費者那裡，表現方式也有所不同。

要想拿下一個又一個訂單，首先要了解顧客的類型。

縱觀顧客眾生相，大致可分為八種性格不同類型：沉默型、冷淡型、慎重型、自高自大型、博學多識型、見異思遷型、爭辯型、激動型。

了解了顧客的類型，針對不同類型的顧客，採取適當的應對措施：對沉默型，宜多找話題，適時打破；對冷淡型，宜認真介紹，激發興趣；對慎重型，宜誠意推薦，消除戒心；對自高自大型，宜投其所好，適當吹捧；對博學多識型，宜虛心聆聽，相機行事；對見異思遷型，宜奇貨耀目，鎖定春心；對爭辯型，宜避其鋒芒，沉默是金；對激動型，宜平心靜氣，攻心為上。不僅如此，還要對顧客軟硬兼施。

光了解顧客性格是不夠的，生意人還要洞悉顧客購買的動機，然後進行滿足其購買動機需要的活動，使顧客從購買欲望轉向購買行為。概括地說，顧客的購買動機包括情感動機、理智動機、惠顧動機等。

了解了顧客的心理和性格，無論是推銷員還是售貨員就可以比較準確地判斷和識別不同類型的潛在客戶，以不斷改變自己的方法，取得最大效果。

一般來講，商家對顧客的態度可分為「硬」和「軟」兩種。對於那些心腸軟的、主意不堅定的客戶，最好採用民主和友好的「軟」態度；而對於那種刻板的、對什麼都無動於衷的人則應該採用「貨真價實」的「硬」態度來。

比如說您是經營複寫紙的商人，那麼當您到謄印社去推銷您的商品，您就得用「硬」態度的方法進行推銷。這是因為在謄印社工作的人員，整天與複寫紙打交道，品質好的，他們見過；品質差的，他們也接觸過。你不必過多地宣傳商品的效能，重要的是用事實使他們相信，這種產品確實是一流的，不買下來是非常可惜的。

每個客戶的購買動機都是源自於他的價值標準，這種價值標準一般是由以下幾個因素決定的：

- 理論標準（對知識感興趣）；
- 經濟標準（對物質用品感興趣）；
- 美學標準（對造型、包裝感興趣）；
- 社會標準（對懲惡揚善的公共道德感興趣）；
- 政治標準（對管理事物感興趣）；
- 宗教標準（對展現出宗教教義的事物感興趣）。

一個精明的生意人，面對每一位顧客，都必須以這六個標準來衡量對方，因為人們每天都在試圖滿足自己的標準。只有確定客戶的價值標準，經營才可能成功。

一個口才出色的廚具商訪問了某公司餐廳的經理。

廚具商首先發問：「請問您是否喜歡您目前的職業？」餐廳經理回答道：「我不準備在此待一輩子，我想成為整個公司的經理。」這句話反映出他的政治標準。於是這位商人就開始這樣介紹自己的產品：「您要是在您的餐廳裡安裝了金光閃閃的廚具，您的頂頭上司一定會意識到您善於經營，是個出類拔萃的人。然後您再把整個餐廳裝飾得整潔高雅，那您所經營的餐廳一定會賓客如雲，生意興旺。您一定會被上司賞識，您的前途將是無量的。」那位經理二話不說，馬上買下了他的整套廚具。

如果有些顧客想要解決某個問題，在這種情況下，就必須採取理論標準的方法。因為這時價格通常無法發揮作用，而解決問題是至關重要的。經商者往往可以因此出擊，想方設法以產品來滿足顧客的要求。

如果有些客戶是帶有美學標準來購買的，比如要購買裝飾用的雕刻、盆景、字畫、風光景物圖，那麼就應該投其所好，用美學觀點與其交談，盡量使顧客對談話產生共鳴。

總之，每一位成功的生意人都要按照正確的方法和恰當的標準，因人而異、軟硬兼施地向不同的客戶採用不同的說服策略來介紹商品，這樣就易於獲得自己所求的東西——訂貨單。

願每個商人在生意場上都做到談吐非凡，妙語驚人，以出色的口才攻陷堅固的市場，獲得生意上的成功。

07 精巧語言促交易

俗話說：「良言一句三冬暖，惡語傷人六月寒。」經商人員掌握精巧的促銷語言，是贏得顧客滿意促成交易的重要手段。

促銷語言一般有七大特徵：

（1）情感

與顧客交談，要時時照顧對方的心情、感受，說話時要語氣自然柔和，語調高低適中，語速快慢恰當，善問會導，言之有情，以展現對顧客的熱情、信任和敬重，縮短與顧客之間的心理差距，使雙方感情融洽。比方說「等一下」這個詞語，如用高揚而短促的語調，就成了不耐煩的口氣，是不尊重對方的表現。如果說得輕柔些，就會使聽者感到自然而舒暢；若是加上「請您」二字，就顯得更真誠、親切，富於情感，令對方更易接受。

例如：一顧客來到五光十色、琳瑯滿目的瓷器店，營業員迎上前去說：「先生，您想看點什麼？」「啊，我隨便瞧瞧。」「您要看什麼，我幫您拿，不買也沒關係。」營業員語氣親切，顧客聽了心裡高興，隨即讓他拿過架上的金邊瓷碗，營業員一邊詳細介紹產地、特點，一邊熱情地幫助顧客挑選。這位顧客深有感觸地對營業員說：「先生，說實在的，我原先是不打算買的，只不過隨便看看，你那句熱情的『看看不買也沒關係』的話語使我動心了。」可見，充滿情感的語言是促銷的有效手段。

（2）禮貌

銷售人員為了更好地宣傳商品，應禮貌地與顧客交流思想感情，才能達到推銷商品、促成交易的目的。要善於運用文明禮貌語言，如表示敬意可用「請教」、「勞駕」、「恭請」、「高見」等；表示謝意或歉意可用「多謝」、「費心」、「打擾」、「包涵」等；表示謙遜可用「不敢當」、「獻醜」、

「見笑」、「豈敢」、「慚愧」等，告別時用「再見」、「留步」等等。

（3）通俗

要會聽、會講一些地區性的語言，使自己具有多方面的適應性。再次，洽談時一般不使用商品專業術語，特別是介紹商品時要通俗易懂。說「聚苯乙烯拖鞋」，很難讓顧客聽懂；若說成「塑膠拖鞋」，就人人都明白了；紡織品的「強度」要說「牢度」，「彈性很好」可以說成「不易起皺」。這樣就大眾化了。而推銷語言越大眾化，你推銷的商品就越易被接受。

（4）誘惑

銷售人員要極力讓顧客感覺所推銷的貨物是顧客唯一的意中物，誘惑顧客非買不可。

例如，集市上，魚販清晨高聲叫賣：「新鮮鯉魚，五元一斤！」，極力突出「新鮮」。下午則變成：「快來買呀，五元買兩斤啦！」極力突出便宜。推銷雜誌的，則在求知欲上下功夫，請聽：「本刊的世界新潮催您奮發，有大自然的奧妙供您探索；有致富的資訊為您服務；有以阿戰況的最新內幕……」求知欲強烈的人一般是禁不住這種說辭的誘惑的。

（5）誇張

銷售人員介紹商品的推銷說辭在不失其真的前提下，為給買主留下強烈深刻的印象，往往不惜口舌，極力把自己貨物的成色、質地等特徵誇張說來，這就是誇張性。一般地說，誇張多是在形容商品結實耐用、美觀漂亮、品質優良方面下功夫，常採用襯托、重複、排比、借代等修辭手法，給欲買者留下難以磨滅的印象。例如，推銷長虹電視機的說辭是：「……天上彩虹，人間長虹……」讓彩虹與長虹相媲美，這是襯托手法。推銷金星牌電視機的宣傳語是：「金星電視，精心設計，精心生產，精心篩選，精心測試……」這是排比手法。

（6）簡潔

通常的要求，銷售人員說話既要含有一定的資訊量，又要用語準確、簡潔、明白，讓人易於理解接受。

如顧客問：「有好酒嗎？」答：「有。」問：「有哪些名牌？」答：「茅台、五糧液、劍南春、全興、杜康、古井貢酒都有。」這種簡單明瞭的對話，就是用最少的詞語提供了最大資訊量。反之，如果這樣回答：「好酒多的是，不知您是要白酒還是紅酒或是果酒？是要高度酒還是低度酒？要進口的還是國產的？」這樣回答看似很有耐心，實則顯得太囉嗦。不僅無法使顧客滿足，還會耽誤和其他顧客的洽談。

（7）科學

一些特殊的商品，銷售人員推銷商品，除注意上述七性之外，還必須注意科學性，尤其是銷售科技新產品。如果推銷一種新藥，就應介紹醫學方面的知識，說明此藥的效能、藥理、治癒率等，還要附有說明書。為了說明問題，有時還要用準確的數字作依據，以增強準確度和可靠性。

所謂銷售人員的「貨賣一張嘴」，是強調推銷產品在不失其真的前提下，力爭使自己的促銷說辭，能夠充分展現上述八個方面的特徵。而展現這八個特性的關鍵又在於銷售人員的口才。

推銷人員上門促銷要行萬里路，登百家門，見百種人，說百句話。推銷要問，接洽要談，激勵要講，介紹要說，因此，推銷人員除了掌握好推銷洽談的一般要求外，還特別要有一副好口才。推銷人員講話，有幾點基本要求：要準確，不能含糊其詞；要規範，不能使用方言俚語；要禮貌，不能說髒話粗話；要婉轉，不能直白生硬。總之，要溫和親切，妙語動人。

九、一言興商，縱橫捭闔

01 學做生意要先學講話

語言在做生意過程中確實很重要，並不是一面之詞，而是做生意者長期摸索的結果，也是語言和商界本身的特點決定的。

先說語言的本身特點。《舊約聖經．創世紀》中有這樣一個故事；上帝對人類欲望無限膨脹而隨心所欲的行為不滿，祂發動洪水，淹沒世界。只有挪亞乘著上帝給他的方舟，帶著子孫後代，活著來到了一塊名叫示拿的平原上。挪亞的子孫打算造一座上達天座的通天塔。上帝知道後深為不悅。祂不想他們團結起來，產生可怕的力量。於是祂攪亂他們的語言，使他們彼此語言不通。結果由於缺乏可溝通的語言，挪亞的子孫之間無法交流，通天塔也無法建成。

這一記載雖屬神話，但卻道出了語言在人際交往中的重要地位。

語言是人類交往最基本的工具，是人們相互之間交流意識、表達感情、傳遞資訊的媒介，人要在社會中生存，就要使用語言，就要說話。

商界所運用的語言是語言中的一種，即口語。語言除了口語外，還有書面語和態勢語言。這三種語言中，口語是人類社會最活躍、最廣泛、最迅速、最有效、最直接的交際工具。

生意人不是耍筆桿、爬格子者。生意人運用更多的是口語，同時輔以態勢語言。態勢語言，即以人的身形動作來傳情達意，如姿態、動作、手勢、表情等等。這兩者結合的較好，就具備了良好的口才基礎。一個手勢一個眼神，一句得體的話，都會使生意場上風雲變幻，形勢逆轉，產生意想不到的結果。

這就是口語的魅力所在。做生意的雙方雖然要以事實為依據，以公平為原則，以科學為標準，但這些都是無聲的，它需要人去執行。而人是活的，有血有肉有感情，而有口才者借用三寸不爛之舌，伴以手勢、姿態、動作和面部表情，藉此影響對方；對方在其感染下，由於情感和當時環境的作用，會改變原有的想法，並認同和接受對方提出的條件和建議。

對於事物的公平和合理，一方面固然以客觀事實為標準，但更主要的還是心理是否能接受。只要心理上感到這筆生意的條件能接受，那是否與實際形勢相符則是其次的了。況且，做生意雙方往往都是瞬間拍板並簽合約的，這一瞬間的影響是決定性的。這就是靠口才的作用，給對方施加心理壓力和情感上影響。有時，由於當時環境和情感作用，有些商家會答應一些與實際相差甚遠的條件。

俗話說，舌頭能把黑的說成白的，能把死的說成活的，能把稻草說成黃金。這姑且不去評論含義之褒貶，但口才的魔力可見一斑了。

02 語言能黏住一切

有位西方哲人曾說過：「世間有一種成就可以使人很快完成偉業並獲得世人的認可，那就是講話令人喜悅的能力。」

有口才者不但其生意做起來順當便手，財路暢通；而且有口才者，往往是人才，自身素養比較高，他的人格力量也彪照於世，高標迥立，這使對方有時不得不佩服其人格力量而有意促成這筆生意。

人才是很多的。一個人在某一項專業和工作上有所擅長，能發揮作用，就算是人才。比如，很能幹的會計師，創造紀錄的運動員，會看病的醫生，卓有成就的科學家，作出成績的編輯記者，勝任工作的研究員以及攝影家、雜技表演者、鉗工等。這樣的人當然是人才，但未必都有出色的口才。相反，有口才者卻必定是人才，而且是優秀的人才和難得的通才。

為什麼說有口才者必定是人才，而且往往是出類拔萃的人才呢？這是因為口才和交際能力比其他任何知識和技能更能促進一個人提高素養，開發潛能，也更能促進發展積極心態，樹立自信意識並造就成功的機會。

這是有科學道理的。人為萬物之靈，其聰明的源泉來之於人的智力比動物發達。而人的智力主要又來源於人的學習、勞動和語言的運用。如果沒有語言，思維是不能進行的，故古人說：「心者思之官，言傳而體行。」人語言能力強，思維敏捷起來，頭腦也會聰明起來，做生意就會靈活起來。俄羅斯有一個古老的謎語說：「什麼東西能黏住一切？」謎底是語言，可見語言的重要性。

那麼作為口語為什麼比書面語言更能展現一個人的真才實學和全面素養呢？

口語與書面語言相比較起來大體上有6大優點：

- 以聲傳意——有簡便而廣泛的實用性；
- 直接交流——有表達與回饋的雙重性；
- 即興構思——有及時感應的應變性；
- 態勢配合——有動態直觀的整體性；
- 通俗易懂——有生動活潑的形象性；
- 句式簡短——有明快自如的靈活性。

口語由於是臨場說話的，說者的即興構思、隨機應變能力、心理素養、語言感應能力、思維想像力、觀察應對能力和自我控制能力都要相當靈敏，這樣，才能有的放矢、出口成章並能達到說話原目的。

一位知名企業家到香港投資，他一下飛機，一位女記者以藐視的口吻，突然發問：「你帶了多少錢來？」王光英先是一驚，少頃隨機應變地回答：「對女士不能問歲數，對男士不能問錢數。小姐，這是公認的吧，妳說對嗎？」在場的記者哈哈大笑。企業家機智的言辭不僅使自己擺脫了窘境，而且給人們留下了美好的印象，等於給他的公司做了一次不費分文而效果奇佳的廣告。

可見，口才，就是一個人自我表現、與人交際的實用本領，又是一個人開發潛能、提高心理素養和文化素養的有效途徑。人要發展提高，不能只有這樣的願望和想法，必須要努力實踐才會發現；而且也只有表現出來，才會得到人們的承認和讚賞。所以我們說有口才者必定是人才，必定會走向成功，就是這個道理。

但是一個人光會說得天花亂墜，不算是有真口才。有真口才者必定肚裡有貨。口才之才，不僅是口語表達能力，而且要以豐富的學識和獨到的見解為根基，以人生的經驗為借鑑。慧於心而善於言，腹有詩書先自華。人的學識愈廣，人的自身素養愈高，那麼人的口才和交際能力也就愈有扎實可靠的根底了。

在現代社會，由於知識的爆炸，資訊的廣泛，口才的作用也越來越大。口才成了現代智慧企業家必備的基本素養，敏捷的思維，能言善辯成了事業的保證。

S 市有一家大型購物中心要應徵總經理。應徵廣告一貼出，求職者應接不暇。許多求職者大談其當總經理後如何大展宏圖。負責面試的主管覺得他們的說服力不是很大。這時，一個衣著普通但表情從容自如的中年男子推門進來。他說，他也是來應徵的。

專家們看了其簡歷，既沒有在商場工作的經驗，也沒有當過企業管理階層，他本人又其貌不揚。大家對其能力表示懷疑，問他憑什麼有這樣信心能勝任總經理，「憑這幾年撿回收物度過的生活。」他響亮地回答。

由於這句話，這個管理兩三百名員工的大型購物中心的總經理位置給了他。

這位中年男子能夠用出色的口才打動面試官是以其優秀的素養作後盾的。在 S 市這塊地方，勞動者四方雲集，他們為了生存不得不動用一切智慧，有人成功了，有人失敗了，有人承受不住壓力，中途退卻了，有人吃苦耐勞，在等待時機，最後理想終於實現了。他們靠的是勤勞、智慧、能幹、吃苦的精神。能夠靠撿回收物在 S 市生活了幾年的那位中年男子，他的生存能力如此之強，應該說，他作為一個優秀企業家必備的特質基本都具備了，那個瀕臨倒閉的商場不交給他應該交給誰？

可見，有口才的人並不是因為有「三寸不爛之舌」和牙尖嘴利能說會道就能贏得對方信任。口才也是一個人生活閱歷的沉澱、人生經驗的昇華、對社會真相洞悉後的表現。

總體上說，口才是人七種能力的綜合運用。

—— 生活能力。一個人經歷過某種生活，才可能用語言把它描述出來。世事的滄桑、生活的坎坷、社會的變遷、事物內部的奧妙，都可以把一個人磨礪成充滿人生智慧和事業智慧的人。人生智慧使人性格上顯示魅力，事業智慧使人在事業上如魚得水，有了這兩者，應用於商界，不愁財源滾滾，財運亨通。口才是從生活中磨練出來的。經過生活的磨礪和充實，有口才者句句為真言，字字珠璣，閃爍著人生的哲理、事業的智慧、人格的魅力。

—— 思維能力。有口才者思維能力都比較好。講話思路清晰，概括能力強，邏輯推理嚴密。當然並不是說，思維能力的強弱與口才好不好成正比，如陳景潤曾摘下數論「哥德巴赫猜想」（Goldbach's conjecture）的皇冠，思維能力可謂強矣，但他的口才卻不能讓人恭維。據說，他大學畢業先是留校，但由於他不善於說話，一個最基本的問題都講不清楚，學生們都起來「造反」不願意聽他的課。他只好被調到圖書館當圖書管理員。從陳景潤的例子可說明口才的好壞不完全取決於思維能力。但是，沒有較強的思維能力，說話前言不搭後語，顛三倒四，反反覆覆，不周密，不準確，那就根本談不上有口才，思維能力是口才的基礎。

—— 表達能力。表達能力就是內部言語迅速轉變成外部言語的能力，內部言語是一種默想的語言，外部言語是說出來的話。一個人表達能力強，那麼講話時語言得體規範又讓人無懈可擊抓不到把柄。由於商界在成交一筆生意時，時間往往是有限制的。在這麼短的時間裡，要把自己的意思表達清楚，而且又符合條理性、得體性，且留有迴旋餘地，如果沒有較強的語言表達能力是不可能的。

某公司原本考慮買一輛某廠的 4 噸卡車。後來為了節省開支，又打消了主意，準備購買另一家工廠的 2 噸小卡車。廠家聞訊，感到事情不妙，由於事關廠家以後的生意，該廠廠長親自專訪該公司的主管，了解情況並爭取說服該公司仍舊購買本廠的產品。

這位廠長果然不負眾望，獲得了成功。他憑著出色的表達能力，在短時間內入情入理地分析給對方聽，並打動了對方。下面是他們兩個人的對話：

廠長：「你們需要運輸的貨物平均重量是多少？」

買方：「那很難說，2 噸左右吧！」

廠長：「有時多，有時少，對嗎？」

買方：「對！」

廠長：「究竟需要哪種型號的卡車，一方面要根據貨物數量、重量，另一方面也要看常在什麼公路上、什麼條件下行駛，你說對嗎？」

買方：「對。不過……」

廠長：「假如您在丘陵地區行駛，而且在冬天，這時汽車的機器和本身所承受的壓力是不是比平時的情況下要大一些？」

買方：「是的。」

廠長：「據我所知，您公司在冬天出車比夏天多，是嗎？」

買方：「是的。我們夏天的生意不太興隆，而冬天則多得多。」

廠長：「那麼，您的意思就是這樣，您公司的卡車一般情況下運輸貨物為 2 噸；冬天在丘陵地區行駛，汽車就會處於超負荷的狀態。」

買方：「是的。」

廠長：「而這種情況下也正是在您生意最忙的時候，對嗎？」

買方：「是的，正好在冬天。」

廠長：「在您決定購買多大馬力的汽車時，是否應該留有一定的餘地比較好呢？」

買方：「你的意思是……」

廠長：「從長遠的觀點來說，是什麼因素決定一輛車值得買還是不值得買呢？」

買方：「那當然要看它能正常使用多長時間。」

廠長：「你說得完全正確。現在讓我們比較一下。有兩輛卡車，一輛馬力相當大，從不超載；另一輛總是滿負荷甚至經常超過負荷。您認為哪輛卡車的壽命會長呢？」

買方：「當然是馬力大的那輛車了。

廠長：「您在決定購買什麼樣的卡車時，主要看卡車的使用壽命，對嗎？」

買方：「對，使用壽命和價格都要加以考慮。」

廠長：「我這裡有些關於這兩種卡車的數據資料。透過這些數字您可以看出使用壽命和價格的比較關係。」

買方：「讓我看看。」（埋首於資料中）

廠長：「哎，怎麼樣，您有什麼想法？」

買方自己動手進行了試算。這場談話最後是這樣結束的：

買方：「如果我多花25,000元，我就可以買到一輛多使用3年的汽車。」

廠長：「一部車每年可營利多少？」

買方：「少說也有25～30萬吧！」

廠長：「多花25,000元，3年營利50多萬，還是值得的。您說是嗎？」

買方：「是的。」

從條理性上，這位廠長的勸說分三步進行：

第一步，廠長從該公司冬天用車多，冬天在丘陵地區行駛，汽車負載超過平時等方面，引導顧客要認清這樣一個問題，考慮問題要全面務實，尤其要從主要方面考慮問題。

第二步，提醒顧客注意產品的使用壽命，引導其以長遠觀點看問題。這為下一步的比較作了伏筆和鋪墊。

第三步，在經過從橫、縱兩個方面拓展顧客眼界思路之後，廠長集中解決買主試算獲利中的片面性、盲目性問題。他故意使勸說停頓了一下，提供數據讓顧客自己算，自己說服自己。

最後，顧客心悅誠服地決定買 4 噸卡車。

從語言上說，廠長的語言一環扣一環，層層推進，環環相扣，無懈可擊。他先是充分分析，使顧客與自己達成共識；再有力地提問，使顧客不得不做出肯定性答覆。

整個說話過程富於整體性、層次性、邏輯性、條理性。這便是廠長表達能力強的魅力所在。

—— 修辭能力。修辭就是把話說得更漂亮，使聽者更能接受。修辭能力就是適度地恰當地選擇詞語的能力。講話語序的排列、語體的選擇、語言環境適合不適合、接受對象的文化程度高低等都會影響說話的效果和程式。這就是一個人在說話時要注意的修辭。

有時語言的修辭作用滿大的，它關係到顧客對某一事實心理能不能接受問題。

某日上午，J 飯店櫃檯人員發現住在 3103 房間，從香港來的劉太太昨晚已結了帳，可是今天仍住在房間裡。怎麼辦？劉太太是劉經理的老朋友，是公關部安排來的。如果簡單地前去詢問何時離店顯得太不禮貌，但不問一聲又怕劉太太跑帳。於是櫃檯人員將情況及時告訴了公關部。於是便有了公關部副經理與劉太太的這樣一席對話：

「您好，您是劉太太嗎？」

「是啊，您是誰？」

「我是公關部的，真不好意思，您來了幾天，我們還沒來得及去看您，這幾天看了醫生身體好些了嗎？」

「謝謝，還可以。」

「聽說您昨晚已到櫃檯結了帳，今天沒走成。是飛機取消，還是火車沒趕上？您看公關部能為您做些什麼？」

「謝謝，昨晚結帳是因為陪我來的朋友今天要離開。我想帳單積得太多，先結一次比較好，這樣走時結帳就輕鬆了。我在這裡還要住好幾天吶，醫生說，一個療程結束後還要觀察。」

「劉太太，您不要客氣，有什麼需要我們的只管吩咐，我這裡電話 4107。」

「謝謝，我有事一定找你們。」

J 飯店的公關部副經理確實遇到了一個難題，別說直截了當地去問，即使是委婉詢問，稍有不慎，如果一個詞用得不恰當，不妥貼，也會得罪房客，傷了主管的面子；可是不問又不行，跑了帳也要負責任。還好，公關部的副經理有口才，懂說話的藝術和講話修辭的技巧，最終圓滿地解決了這件棘手的事。

—— 表演能力。表演能力是指吐字發聲、眼神表情、手勢姿態等手段的運用能力。如果同樣內容的兩篇講稿，都寫得不賴，可是說時，一個面帶微笑，從容不迫，另一個卻畏怯地低下頭，不敢正視聽眾；一個聲音不輕不重，快慢有度，另一個聲音沙啞，講話時斷時續；一個目光飛動，瀟灑自如；

另一個目光呆滯，舉止拘謹；一個一舉手一投足，都很有分寸，講話時充滿信心和體諒他人，另一個卻手足無措，或手勢過多，張牙舞爪，形態粗魯或委瑣。不用說，前者的口才比後者好，前者事業成功的機會比後者多得多。

——交際能力。在人際互動中，對語境、背景，對象的分析和適應能力就叫交際能力。口語交際是交際雙方處於同一時空的交際，人們不但考慮如何表達，更要考慮如何接受，考慮對方此時此地的瞬間心理和情緒。這種交際形式對人們的語言運用要求很高，一般情況下，雙方都要做到禮貌、委婉、得體、有分寸。如果雙方都能做到禮貌、委婉、得體、有分寸，那麼不但他交際能力強，口才也好。因為口才就是說話的藝術。而說話要說得得體，就得事先對自己的交際對象、交際環境進行分析。

人際關係本身包含著許多社會和文化的因素，不同階層的人，其政治觀點、社會地位、經濟利益、學識涵養以及行為舉止，都有很大的不同。善於交際的人能夠準確地掌握上述各式各樣的人際關係，了解每一個人，對不同的人說不同話，重視受話人不同的言語反應，並且善於抓住說話的時機，以適情、適境、適合身分為依據，其言語行為都符合社會公認的標準。

——語言應變能力。在語言交流中，有人突然向你發問，你不能不回答；或者突然出現一種預想不到的事情，你不能不表態；或者講話漏了嘴，你不得不圓場。這就靠你的語言應變能力。如果你事先沒有準備，或者準備不足，在突發性事件和意外性境遇中，你仍能靈活地、迅速地、恰當地、得體地作出反應並進行處理，這就說明你有應變能力。語言應變能力是指這種反應能力和處理能力。

語言應變能力是決定一個人有無口才的重要因素。口才作為口語交際的一種能力，需要具備對意外情況和突發事件立刻作出反應、判斷、處理的應變能力。如果說，會說話的基礎是思維能力，那麼，會說話的重要標誌則是語言應變能力。

總之，具備上述七種能力的人，他的口才非常好，有了口才這個寶，就可以用寶開路，用寶招財。

03 當今社會的需要

隨著社會的發展，人民對說話的要求也越來越高。在農業化時代，由於生產和交通十分落後，文化非常閉塞，以自然經濟為基礎的人們物質生產自給自足，他們之間的經濟往來很少。人們只要求「書同文」，不要求「語同音」，更沒有感到提高口語素養的重要性。

在現代社會裡，構成社會的各個要素都處在複雜的連繫和不斷的流動狀態之中，如人流、物流、資訊流，而其中人是形成這種流轉的關鍵和軸心。而人與人之間的聯絡和交流，必須透過語言才能發生接觸。

特別是隨著現代化傳聲技術（電話、廣播、電視、錄音等）的迅速發展，不論是天上地下、還是水面海底、乃至月球宇宙，凡是人能到達的地方，都能做到直接通話。因此，有人認為，地球的空間距離在日益縮小，變成了一個「地球村」；過去許多靠文字傳遞的資訊，今天能用聲音、口語來代替了。由此可知，口才在今天直接影響著人們思想的交流和溝通，影響著資訊的傳遞和人際的交流。

可以這樣說，今天的整個人類社會經歷了第四次浪潮，已經進入了資訊時代，人與人之間的交流日益頻繁，而說話的好壞直接決定著交往的好壞、事業的成敗。

04 口才＝形象＝力量

良好的口才是卓越人才開拓前進的有力武器。

古人說，「文品如人品」，有口才者講起話來滔滔不絕，似大河奔流，一種暢達的美；旁敲側擊，似曲徑通幽，一種委婉的美；不蓋不遮，似單刀直入，一種率直的美；妙語不絕，如吐珠唾玉，一種華麗的美；平實無華，似白紙素描，一種純樸的美；句無單出，如芙蓉並蒂，一種對稱的美；信口出之似草木共生，一種錯落的美。

語言好比人的外形，可以表現出一個人的善或惡、粗俗或高尚；語言又好比是一面鏡子，一個人是美還是醜，品德修養如何，在其語言中會自然地流露出來。

說話輕浮者則行動亦草率，說話粗鄙者則心地醜惡；反之，說話莊重者行動亦誠實，說話溫和者則心地亦敦厚。作為經營者，在用口才說服對方的同時，也是在用自己卓越的人格感染對方。

在現代社會中，一位有口才的人，由於妙語連珠，超凡脫俗，機智幽默，他無論在哪個場合，總是受人歡迎的。時代需要人才，而人才又需要口才，尤其在我們這個正處在以經濟生產為核心的社會裡。

某媒體報導了這樣一件事情。

一天，T 皮鞋廠的員工代表和中階主管就工廠制度改革問題和楊廠長進行了一場對話。一開始，員工代表的情緒就是不滿意。他們需要楊廠長當場回答。

問：你改來改去卻改到我們工人頭上來了，是不是存心整我們？

答：我沒有這個意思！

問：那你為什麼要提高 10%的工時？這不是拿我們工人開刀嗎？

答：我們廠現行的工時不夠合理。這次定的指標是經過反覆驗算的。只要大家努力，就能夠完成。如果只想多拿錢，少工作，企業還怎麼發展？

問：勞動工時是國家定的，我們要照原來的標準，現在太高了。

答：不合理的工時非改不可！不然改革怎麼麼深入？

問：楊廠長，你為什麼要改革？聽說你承包期滿能拿好幾萬，要發大財啦！

答：造謠！純屬捏造！按照3年承包合約，如能完成1,000萬元利潤指標，我只能得8,000元。但這筆錢我還打算捐給廠內托兒所……

問：誰信哪！如今誰不向錢看，假話……

答：（激動了，火冒三丈）我是大家選舉的廠長，如果你們認為我不稱職，想撈點什麼，請董事會審議，免除我的職務好了！

楊廠長說完，拂袖而去。一些人起鬨了：好啊！不幹拉倒！你有什麼了不起。

這場對話，鬧得不歡而散，固然跟員工代表的態度有些過分有關，但主要的還是跟廠長口才欠佳相關。廠長脾氣火爆，不會幽默，又不懂口才技巧。對話不歡而散自在情理之中。

不掌握口才、不鍛鍊說話的本事、不講究說話的藝術而造成的危害和損失，的確比比皆是，它可以關係到一個人的升遷，一樁買賣的成功，一生的幸福成敗。正是從這個意義上，口才的地位和作用至關重要。美國人早在第二次世界大戰時期，就把「口才、金錢和原子彈」看做是賴以在世界上生存和競爭的3大法寶。1960年代以後，他們照樣把口才冠在「口才、金錢和電腦」三要之首。

語言學家張志公先生說：「提高人們的口語表達能力，實在是一件非常重要的事。……由於口語錯誤影響了工作，造成了損失，有誰來算這筆帳呢？現在，是到了引起高度重視的時候了。」

時代需要口才！商界更需要口才！重視口才！

十、言簡意賅，留有餘地

01 通俗易懂的益處

商務談判通常是雙方為一定的利益而交鋒，雙方明確知道對方談判人員所表達的意思是十分重要的，所以在商務談判中說出的話要盡可能簡潔、通俗易懂，使對方聽後立即就能夠理解。但這只是就一般情況而言的，具體地講，要做到這一點，還應注意掌握以下技巧：

一是不使用隱喻和專業性過強的語句及詞彙。

由於談判人員在講話時要讓對方聽得懂，所以應盡量使用通俗易懂的語句詞彙。使用暗含著某種意義的隱喻，對方或是不易理解你的真實意圖，或是產生錯誤的理解，因而影響商務談判的正常進行；而在某一專業領域專業性過強的語句和詞彙，如果對方談判人員對這一領域的知識比較陌生，也不會完全準確地領會你的意思，因而也不利於雙方思想的交流。

二是切忌炫耀賣弄。

談判人員講述觀點的目的在於促使對方接受你的意見，在於使對方相信你所談的內容準確無誤，可以作為雙方商洽的依據，所以，高明的談判人員總是注意使用樸實無華的語言向對方推銷自己的觀點，絕不會在談判桌上賣弄自己的學問有多深，見識有多廣，水準有多高。這樣做不但達不到壓倒對方的目的，反而使對方產生反感，對你所發表的意見也就會不屑一顧了。

三是觀點要明確。

言簡意賅，就是用簡單的語言把意思明確地表達出來，只注意簡明扼要而不注意明確觀點，同樣是應該避免的。

四是句式應盡量簡短。

談判人員應注意，在商務談判中，報盤是最引對方注意的關鍵環節之一。關於報盤的每一個字，對方都會注意傾聽，加以分析。所以談判人員應注意用簡短的句式來進行報價，避免被對方抓住把柄。

五是言簡意賅，這也是進行報價解釋時必須遵循的原則。

一般情況下，一方報價之後，另一方會要求報價方對報價解釋。報價方在進行報價解釋時，也應該注意遵守言簡意賅的原則，即：不問不答，有問必答，答其所問，簡短明確。

不問不答是指對對方不主動提及的問題不主動回答，不能因怕對方不理解而做過多的解釋和說明，以免言多有失。

有問必答是指對對方提出的所有問題，都要一一回答，並且要迅速、流暢。如果吞吞吐吐，欲言又止，就極容易引起對方的疑慮，因而提高了警惕，窮追不捨。

答其所問是指僅就對方所提問題作出解釋說明，不做畫蛇添足式的多餘答覆。實踐證明，在一方報盤之後，另一方一般是要求報盤方對其價格構成、報價根據、計算方式等問題作出詳細解釋，這就是通常所說的價格解釋。因此，報盤方在報盤前就這些問題的解釋多加準備，以備應用。

簡短明確就是要求報盤方在進行價格解釋時要做到簡明扼要，明確具體，以充分表明自己的態度和誠意，使對方無法從價格解釋中發現破綻。

02 隨機應變留餘地

由於報盤（offer）事關整個交易的各項條件，所以在一般情況下，報盤價格不會是一成不變的，所以談判人員在報盤時，不要把條件說得過於堅決，給對方一個「只此一條，別無選擇」的印象。如果在報盤時保留一個比較寬鬆的餘地，那麼在後來的談判中當對方向你提出了某種可以使你滿足的要求時，你就有了進一步討價還價的條件。這種策略也是商務談判人員經常使用的策略。

留有餘地的策略，在西歐式的報價方法中展現得較為明顯。

西歐式的報價方法與我們前面所介紹的報盤方法是一致的。一般的作法是，談判人員在報盤時，首先提出一個留有較大餘地的價格條件，其後再根據買賣雙方的實力對比和外部競爭狀況，透過其他方法來爭取買方，如給予數量折扣、價格折扣、佣金和支付條件上的優惠等，穩住買方，使雙方的差距逐步縮小，最終達成成交的目的。由於有時報盤方所留餘地是非常大的，所以使作了有限的讓步也是在餘地之中，不但不會吃虧，反而往往會有一個不錯的結果。

這一策略是和一般買方的心理相適應的，因為對於一般人來說總是習慣於價格由高到低，逐步下降，而不是由低到高。

談判人員在報盤時保留餘地時，同樣應注意商務談判中語言運用的一般規則，即應當態度誠懇、觀點明確、簡明易懂。

03　讓對方站在你這邊

在談判中，買主總是想知道賣主的最低出讓價，賣主想知道買主的最高接受價，如果不到雙方各自認可的極限，誰也不會甘心，只有看到實在是不能再取得任何進展時，才會停止討價還價，與對方簽訂協議，所以，在談判過程中，使對方知道你已達到極限是十分必要的。但談判人員要用什麼表達方法、談判策略表達這一意思呢？當然不同的談判場合有不同的策略與方法，這裡只介紹一些應該予以注意的問題。

表示己方已達極限的幾種基本方法：

（1）明示方法

在商業談判中，有時形勢已基本趨於明朗，雙方對對手的實力都有所了解，繼續爭執只不過是雙方在進行有限的討價還價，在這種情況下，談判人員就可以明確表示自己在在某一價格條件下已達極限，不可能再做讓步，使對方放棄繼續進攻的幻想，認真考慮能否接受自己的價格條件。

在以明示的方法表示本方的極限時，其語言運用以「簡明」、「俐落」、「乾脆」、「堅定」為特徵，使用這種語言，主要是強化作用，鎮定自若，不留餘地，並造成在心理上打擊對手的作用。如在實際應用時可使用下列語言表示自己的極限：

「在這個價格條件下，我方已無退卻的餘地。」

「非依此條件，我方不能簽約。」

「對這個限度，不能再做突破的討論。」

「這是我方所能接受的最低價格。」

（2）暗示的方法

有時形勢不甚明朗，或是由於雙方平素關係較好，直言極限於己方不利，在這種情況下，談判人員就要用較圓滑的方式向對方說明，自己已達到極限、很難再做讓步，希望對方予以理解。

典型的語言如：

「請原諒，我有為難之處，不能滿足貴方的價格要求，確實不能。」

「請恕我授權有限，再降低條件就超出我的授權範圍了。」

「由於我方的投入所限，對這一價格，我方必須堅持。」

「你可以堅持你們的意見，但對我們來說，是不可能接受的。」

在商業談判中，暗示的表達方式比明示的方法被更經常地使用。這種方法不僅能說明問題，而且為前進或後退留有餘地，又注意講究禮節，使對方知道你易於理解和接受。暗示的方法具有十分明顯的圓滑性、緩衝性。應該看到，在商務談判中，任何條件都可能隨時發生變化，談判就是在爭取，不能讓你的對手感到絕望，哪怕是有限的餘地，他也會拚命去爭取，絕不會輕易放棄。所以暗示自己的極限，使對方仍然感到還有一線希望，雙方又都有了迴旋的機會，這無疑有利於商務談判的成功。

（3）有限退讓的表示方法

在商務談判中，任何讓步都意味著要犧牲自己的一部分利益，於是便有人開始尋找作出讓步而又不犧牲自己利益的方法，實際上這一方法在談判的任何階段都可以使用，如果促使談判成功所帶來的商業利益要大於堅持原有立場而使談判破裂的好處，那麼有效的退讓就成為必須採取的策略。

在表明自己的極限時，也可以採用這種方法。

這種方法，一般在我方所報底價過高，對方根本不可能接受，或者是由於對方態度強硬，不肯妥協退讓等情況下使用。一般可使用下列語言表達方式。

「我們尊重貴方的意見，但貴方的報價實在是低得可憐，如果能適當上浮，我們倒可以考慮接受。」

「貴方的報價遠遠高於同類商品的市場價格，而我們的狀況只允許我們接受市場價格。」

「我們有過多次合作的經歷，我看我們能不能使我們的分歧再縮小一些，雙方都做一下努力，如何？」

以上介紹了表達自己已到極限的幾種方法，至於具體方式的使用，要根據實際情況而定，能明則明，能暗則暗；能強則強，能緩則緩，其目的只有一個，就是要使對方知道你已達到極限，再繼續進逼，不但得不到任何好處，反而要冒談判破裂的風險。此時只好認真考慮你的極限問題，面對現實，做出決定。

十一、善加誘導，促成交易

01 從對方最熱心的話題切入

猶太商人認為，在談生意時，要想與對方暢通無阻地交流，就必須找出對方的興趣所在，從對方最熱心的話題切入，因為共同的愛好能夠讓人走到一起。

在猶太商人看來，生意場上雖然有些交談需要直截了當地切入正題。比如，對方已經知道你的來意，或者彼此已經約定了這次交談的內容，那就不必要說很多題外話。但是，在很多場合，交談進入正題前是需要進行一些準備工作的，特別是當你需要透過你的交談對象達到一定目的，且需要你去說服對方時，如果突然地將交談切入正題，很可能會遭到對方一口回絕。

在這樣一些場合，如果你不急於將交談轉入正題，而是說一些對方感興趣的題外話，然後再將交談引入正題，結果可能會完全不一樣。

巴黎有一位叫巴哈爾的猶太商人，經營一家高階葡萄酒公司。他想把自己的葡萄酒推銷到巴黎一家大飯店。於是，他一連 4 年都打電話給該飯店的老闆克萊恩，還去參加了克萊恩出席的社交聚會。他甚至在該飯店住了下來，以便成交這筆生意。

巴哈爾的這些努力都是白費心機。克萊恩很難接觸，他根本就沒有把心思放在巴哈爾的葡萄酒上。巴哈爾苦苦思索，最後找到了癥結所在。他立即改變策略，去尋找克萊恩感興趣的東西，以便投其所好攻克難關。經過一番細緻的調查，巴哈爾發現克萊恩是一個叫做「法國旅館招待者」組織的會員，最近還被選為主席，對這個組織極為熱心。不論會員們在什麼地方舉行活動，他都一定到場，即使路途再遠也並不影響他的出席。

第二天，巴哈爾再次見到克萊恩時，開始大談特談「法國旅館招待者」組織，這位老闆馬上做出令他吃驚的反應，當即滔滔不絕地跟巴哈爾熱情交談起來。當然，話題都是有關這個組織的。結束談話時，巴哈爾得到了一張該組織的會員證。在這次會面中巴哈爾絲毫沒提葡萄酒之事，但幾天以後，那家飯店的採購經理就打來了電話，讓巴哈爾趕快把葡萄酒樣品和價格表送過去。

事後，巴哈爾不無感慨地說：「在商業活動中，商人必須跟著客戶的興趣走，投其所好，對客戶最熱心的話題或事物表示真摯的熱心，巧妙地引出話題後，多多應和，表示欽佩，這對做生意非常有利。」

在猶太商人看來，談話沒有趣味性、共同性是無法進行下去的。對人說話，應該投其所好。能夠投其所好，你的話才能在對方心中產生作用，反之，則不會產生效用。

猶太商人為了要和客戶之間培養良好的人際關係，總是儘早找出共同的話題。最有效的方式就是詢問，在不斷的發問當中，他們很快就可以發現客戶的興趣。猶太商人經常拿高爾夫球具、溜冰鞋、釣竿、圍棋或象棋、天氣、季節、新聞、股票、體育、影視、文學、曲藝、商業等作為話題，靠長年的經驗累積，他們對不同的人都有什麼樣的興趣和話題多多少少知道一些。打過招呼之後，談談客戶深感興趣的話題，等氣氛緩和一些後，再接著進入主題，往往會比一開始就立刻進入主題效果好得多。

02 做到讓對方同情你的處境

猶太商人在經商過程中得到一條經驗：同情心是人們天生迷戀的東西，人類畢竟是感情動物，即使有千百個理由，也比不上一個令人感動的事實。用感情或感覺來突破難關，可以使客戶由反對者變成贊成者，這是潛在心理術的突破點。

有一次，猶太商人阿佩爾在推銷產品時，遭到客戶的拒絕，但過了一段時期之後，他再次來了。這時客戶仍絕情地說：「我並沒有購買的意思，你再來幾次也是枉費心機，因此，我勸你不要再浪費口舌、白費力氣了。」

阿佩爾卻不在乎，仍精神抖擻，面帶笑容回答說：「不，請不必為我擔心，說話跑腿，是我的工作職責，只要你能給我一點時間，聽我解釋，我就心滿意足了。」

客戶看到他全身是汗，卻還滿臉笑容，不買就覺得再也不好意思了，於是就買了一點。

下雨下雪是阿佩爾上門的好日子。外面下著雨，別人都躲在家裡，而阿佩爾站在門口，不能不使人產生同情心，因而難以開口拒絕。

阿佩爾這種推銷方法，就是巧妙地利用人類的感情來做文章，本來不打算購買的人，此時也會產生「再也不能讓他白跑了」的想法，有了心理負擔和欠人情債的感覺。於是客戶就會這樣想：「這位推銷員若是多跑幾處地方，也許他的產品早就賣完了，但是他卻常來這裡，使他花了不少寶貴時間，再不買他的產品，就有點對不起人了。」這就是加重人們心理負擔的一種推銷方法。

要使對方做大幅度的退讓，就要盡量讓對方多累積些細小的心理負擔，當這種心理負擔擴大到一定程度時，對方就肯定會讓步了。

利用同情心打動別人，除了在生意場上外，在其他場所也能經常見到。

日本國會有一次討論政治倫理問題，中曾根首相為了徵詢前首相田中角榮的意見而和他會晤。在談話中，田中前首相感嘆地說：「聽我的孫子說，在學校同學們都譏笑他，所以不想上學了。我心裡很難過，爺爺的錯竟要孫子來承擔。」說罷，已是淚流滿面。中曾根首相看了，不禁也熱淚盈眶，並立刻告訴田中：「我們必須在政治與倫理間訂立規範。」但敏感人士卻認為，中曾根首相被田中的眼淚矇騙了。

堂堂正正的訴求，有時不如用眼淚和哀怨來達到。巴基斯坦前總理班娜姬．布托（Benazir Bhutto）競選總理時，就是利用父親布托（Zulfikar Bhutto）被政敵殺害的事件，以淚流滿面來爭取民眾的同情，從而獲得了多數選民的投票。

大街小巷，經常有一些老太太、小女孩沿街乞討，向人訴說：「家鄉遇災荒，請施捨施捨。」這也是利用哀怨來換取同情心的做法。

接下來說的是一件真實的事。日本有一位少年在地鐵的月臺上不小心掉到了鐵軌上面，剛好有一輛電車飛駛而來，雖然他萬幸地保全了性命，但卻受了重傷，失去了一對手腕。於是這個少年就對地下鐵路公司提出控訴。但是不論是地方法院的審判還是最高法院的審判，都認為這完全是少年自己造成的，地下鐵路公司沒有過失。於是這個少年便每天心情沉重地過著鬱鬱寡歡的日子。

終於到了最後判決的日子。在當天的最後辯論中，少年的辯護律師說了這麼一句話：「昨天我看到他吃東西時，直接用舌頭去舔盤子裡的食物，使我不禁掉下了眼淚。」這句話使陪審團的判決峰迴路轉，全體陪審員一致認同地下鐵路公司應向受傷少年賠償。這表面上看起來是一個理性的意見或判決，但事實上卻是依賴人的感情和五官的感覺來做判斷的。

同情心是人類最根本的情感，哪怕是一個平常堅持理論立場的人，一旦觸及到同情心，他的立場也會發生不同的變化。在日本作家菊池寬著的《若杉裁判長》一書中，若杉法官是一個非常有名的人道主義者，平時他在審案判決時，總是判得很輕且優柔寡斷。直到有一天夜裡，他自己家遭到強盜的襲擊，他體驗到強烈的恐懼感，開始同情受害者，從這以後他就變成了犯罪者的剋星了，每次審案判決時，他總是給予罪犯最嚴厲的處罰。

03　表現上附和暗地裡誘導

猶太商人在與顧客談話中，總是能隨時插上一些附和語言，表示對顧客的贊同。大致說來，他們的附和主要有兩種，一是重述對方所言；二是隨聲附和，其中還夾雜著某種贊同的表情、語言、情緒。

一位精明的猶太商人說：「當你重複對方所說的話，或隨聲附和，並配以一定的表情，就更能細緻入微地窺視對方的心態。」

重複對方所說的話或隨聲附和，主要是讓對方知道自己正專心一意地聽他講話，不但表示了對對方語言的重視，而且可以以此消除對方的心理防備，進而深入對方，探明對方真正的意圖。

「對方說話的時候，如果我們能經常地在恰當的地方隨聲附和，將激發起他的講話熱情，使對方感到愉快。」這是猶太出版商布朗先生與他的部下講述的誘導祕訣，「要想實現你的目的，你不妨先跟對方說些這樣的話。比如——」

「啊！真有這樣的事？」

「您說得很對。」

「完全正確。」

「這事倒新鮮。」

「啊，難怪。」

「我也深有同感。」

布朗告誡他的部下：附和的時機很重要，沒有比呆板的附和更使人感到虛偽的了。附和中，驚訝和共鳴是少不了的，沒有這兩點的附和就等於是開了蓋的汽水瓶——跑了氣了。

為了讓部下清楚地領會這一要訣，布朗先生講了自己親歷的一件事情。

「有一次，我急於赴一個作家那裡商談出版事宜，真邪門，汽車在中途拋錨，我只好搭計程車。那個司機正在收聽棒球比賽的實況，於是我和他也順便聊些有關球隊的問題。如：乙隊如何、甲隊又如何等等，當然在我尚未明瞭他心中的意向之前，我沒有輕言附和，唯恐引起對方的不快而影響到自己乘車的安全。

開始時，我只是適當地附和對方，當確知對方意向與自己不甚相符時，我就暫依其意，之後再以緩緩導向方式使其趨向於我。這麼做更易為對方接受，而且能避免賓主間的不快。但這種方式只在對方無明確的主見，或其主張不理想時，方才適用。

對方正發表高見時，你不妨頻頻點頭以表同感，使對方感到你與他屬同一道上的人。即使你提出或多或少的異議，他也不會在意，於是，你便可一步步將對方誘入自己的圈套，最後，對方已不知不覺地將自己整個看法推翻。若一開始便與對方唱反調，反而對自己不利。」

有一位推銷員和一位太太對話時就使用了附和語言。

「太太，妳的皮膚很適合用本公司化妝品。」

「可是，我已經有化妝品了呀！」

「哦，妳已有化妝品了？」

「嗯，我用的是玫琳凱的化妝品，差不多該有的都有了。」

「都有了？」

「是啊！像我這種年紀的女人，平時不常出門。」

「哦，原來妳很少出門。」

「是的，我的兒女都快要成家了，以後參加婚宴的機會會多一些。」

「噢，太太的人緣很不錯。」

「還行吧。每個女人都希望自己更漂亮一些，尤其是我們這種年紀的女人……」

就這樣順勢談下去，那位推銷員用這種語言技巧先取得她的好感繼而逐漸摸準她的心理。而這位太太也會覺得這名推銷員善解人意因而愉快地買下他的化妝品，儘管她已經有足夠的化妝品，仍然難以拒絕推銷員的熱情。

恰到好處的附和技巧也是需要學習的，猶太商人通常的做法是：

適時迎合對方的論點來表達善意的回應。

旁敲側擊，找出對方做法和自己相同之處，藉此拉近彼此的距離。當看法一致，馬上表明支持，以降低不能達成共識的比例。

順勢而為，為對方的論點補充說明，藉機表明和對方站在同一立場。

特別加強談論對方一向引以為榮的事情。

以幽默、清淡的語氣說出好話，讓人不起雞皮疙瘩。

營造開心、歡樂的氣氛，只有在輕鬆的場合下，才能把話說得圓融。

總之，附和的主要目的就是想要借著這種方式，來尋求最佳的溝通切入時機，讓雙方產生共識，藉由這種表達，可以激發對方的好感，使得良好的對話氣氛得以延伸。

電子書購買

爽讀 APP

國家圖書館出版品預行編目資料

聽說，業務員是被行銷耽誤的語言藝術師：定點銷售 × 上門推銷 × 商務談判，誰說行走商場只能一味進攻，「欲擒故縱」反而更有收穫 / 陳俐茵，邢春如 主編 . -- 第一版 . -- 臺北市：財經錢線文化事業有限公司 , 2024.01

面； 公分

POD 版

ISBN 978-957-680-708-4(平裝)

1.CST: 銷售 2.CST: 銷售員 3.CST: 職場成功法

496.5 112020819

聽說，業務員是被行銷耽誤的語言藝術師：定點銷售 × 上門推銷 × 商務談判，誰說行走商場只能一味進攻，「欲擒故縱」反而更有收穫

臉書

主　　編：陳俐茵，邢春如

發 行 人：黃振庭

出 版 者：財經錢線文化事業有限公司

發 行 者：財經錢線文化事業有限公司

E-mail：sonbookservice@gmail.com

粉 絲 頁：https://www.facebook.com/sonbookss/

網　　址：https://sonbook.net/

地　　址：台北市中正區重慶南路一段六十一號八樓 815 室

Rm. 815, 8F., No.61, Sec. 1, Chongqing S. Rd., Zhongzheng Dist., Taipei City 100, Taiwan

電　　話：(02) 2370-3310　　　傳　　真：(02) 2388-1990

印　　刷：京峯數位服務有限公司

律師顧問：廣華律師事務所 張珮琦律師

定　　價：375 元

發行日期：2024 年 01 月第一版

◎本書以 POD 印製